四川省能源投资集团有限责任公司　组织编写

供电企业
配电网生产设备安全风险评价标准

主　编　杨厚君
副主编　唐宇航　翟　伟

中国水利水电出版社
www.waterpub.com.cn
·北京·

内 容 提 要

本书中的各部分评价项目的要求是电力配电网生产设备安全风险控制的指南，其内容包括：基本状况风险评价、变电一次设备风险评价、电气二次设备风险评价、变电设备运行风险评价、变电设备检修风险评价、输电线路风险评价、配电线路和设备风险评价以及电网运行风险评价。

本书明确了电力配电网生产设备安全风险评价的方式、方法、流程和评价周期，并通过安全风险评价，发现存在的问题，确定重点监控的方式、内容及整改要求，从而提高设备和系统的安全健康水平，从根本上管控好电力企业配电网生产安全风险。

本书可供电力企业配电网生产设备运行、检修、试验人员以及生产管理、安全管理人员阅读，也可供其他专业有关技术人员和管理人员参考。

图书在版编目（CIP）数据

供电企业配电网生产设备安全风险评价标准 / 杨厚君主编 ; 四川省能源投资集团有限责任公司组织编写. -- 北京 : 中国水利水电出版社, 2017.5
ISBN 978-7-5170-5408-5

Ⅰ. ①供… Ⅱ. ①杨… ②四… Ⅲ. ①供电－工业企业－配电系统－电力设备－安全风险－风险评价－评价标准 Ⅳ. ①TM727②TM4

中国版本图书馆CIP数据核字(2017)第113506号

书　　名	**供电企业配电网生产设备安全风险评价标准** GONGDIAN QIYE PEIDIANWANG SHENGCHAN SHEBEI ANQUAN FENGXIAN PINGJIA BIAOZHUN
作　　者	四川省能源投资集团有限责任公司　组织编写 主编　杨厚君　副主编　唐宇航　翟　伟
出版发行	中国水利水电出版社 （北京市海淀区玉渊潭南路1号D座　100038） 网址：www.waterpub.com.cn E-mail：sales@waterpub.com.cn 电话：(010) 68367658（营销中心）
经　　售	北京科水图书销售中心（零售） 电话：(010) 88383994、63202643、68545874 全国各地新华书店和相关出版物销售网点
排　　版	中国水利水电出版社微机排版中心
印　　刷	北京瑞斯通印务发展有限公司
规　　格	184mm×260mm　16开本　12.75印张　302千字
版　　次	2017年5月第1版　2017年5月第1次印刷
印　　数	0001—1200册
定　　价	**78.00**元

《供电企业配电网生产设备安全风险评价标准》编审委员会

主　任：张志远

副主任：王　诚

委　员：杨厚君　明　勇　蒋建文　陈地良　丁代筠

主　编：杨厚君

副主编：唐宇航　翟　伟

主要参编人员：明　勇　蒋建文　彭亚玲　王　涛

序

在四川省委、省政府的正确领导下，在四川省国资委的关心、支持、指导和帮助下，四川省能源投资集团有限责任公司（以下简称“四川能投”）自2011年2月21日成立以来，以“开发能源、服务四川、改善民生、推动发展”为使命，全体员工团结一致，奋力拼搏，攻坚克难，积极寻找资源，精心管理存量资产，坚持开发建设与生产经营并重，强化安全生产管理，较好地实现了国有资产的保值增值。经过五年多的艰苦打拼，面对严酷的市场竞争，四川能投抓住“十二五”规划的战略发展机遇，在风电、光伏发电、垃圾发电、水电、煤层气、天然气、页岩气、分布式能源等方面开发进展顺利，原有企业经营形势良好，同时大力发展机电物资贸易、制造业、康养产业等服务产业，逐步形成“产业和金融两翼齐飞，能源、化工、现代服务业和战略性新兴产业四轮驱动”的良好格局，较好地完成了农网改造和无电地区电力工程建设任务，截至2016年12月，总资产达1000亿元，净资产为336亿元，净利润为68亿元。

四川能投成立伊始，就明确提出“一年做规划、三年打基础、五年上台阶”的战略构想，以努力打造四川能源产业的领军企业为己任。四川能投作为能源产业的新军，且涉及业务范围较广，无疑增添了我们的管理难度，但好在有很多成熟的管理经验可供借鉴。在安全管理上，我们在集团成立仅两年，就在集团系统启动了安全生产标准化建设工作，现已印发施行了包含36个管理制度的《安全生产管理标准》，建立了安全管理标准体系，全面规范集团系统安全管理工作。在生产管理上，现已印发施行了12项管理标准和2项生产设备风险评价标准，初步建立了生产管理标准体系，规范了集团系统生产管理工作。通过大量扎实细致的基础工作，四川能投安全生产管理工作上了一个崭新的台阶。

在成绩面前，我们必须清醒地认识到，四川能投的安全生产管理工作同国内先进水平还有差距，尚处在健全完善管理标准体系的发展阶段，企业文化有待培育，管理水平有待提升。随着四川能投的快速发展，业务范围不断扩展，资产规模不断扩大，给我们的管理工作提出了新的挑战。

为此，我们必须狠抓安全生产管理，不断提高设备健康水平及其运行效率，不断提升安全生产管理水平，打造安全生产素质高的干部员工队伍，拥有安全可靠的生产设备，为集团国有资产保值增值打下牢固的基础。

我们的工作已步入正轨，我们的工作必须向先进的企业看齐，要充分吸收借鉴先进的理念和方法，与时俱进，不断创新，努力使我们的工作更上一层楼。

只要我们牢记国有资产保值增值的责任，心系全体员工的身心健康福祉，始终以科学发展观和“四个全面”指导各项工作，相信通过集团系统全体员工的不懈努力，就一定能将四川能投打造成四川能源产业的领军企业。

四川省能源投资集团有限责任公司董事长、党委书记 郭勇

2016年12月

前　言

四川省能源投资集团有限责任公司（以下简称“四川能投”）成立于2011年2月21日，是四川省能源产业投资运营管理平台。能源产业作为国民经济的支柱产业，其安全稳定发展和运营，不仅关系到国家的经济发展，而且与社会稳定密切相关。

安全风险评价是国际通行的安全生产管控方法，是综合运用安全系统工程的方法，对系统的安全性进行度量和预测，通过对系统存在的危险性或不安全因素进行辨识定性和定量分析，确认系统发生危险的可能性及其严重程度，对该系统的安全性给予正确的评价，并相应地提出消除不安全因素和危险的具体对策措施。

为了强化四川能投系统供电企业配电网安全生产管理，减少生产活动中生产设备客观存在的异常等危害因素和风险转化成故障和事故的概率，必须要以防止设备损坏事故为重点，对生产设备进行安全风险评价，并针对存在的风险进行全面整改，切实提高设备和系统的安全健康水平。

本书涵盖了四川能投系统供电企业配电网全部生产设备的评价标准，经广泛征求意见、反复修改、不断完善，终于完成了本标准的编纂工作。本标准作为四川能投系统供电企业配电网生产设备安全风险评价的依据，也可作为国内同行在进行配电企业生产设备和系统安全风险评价时参考。

本书在编写过程中学习和借鉴了相关的规范、标准等资料，还得到了有关单位的专业人员及专家的大力支持，在此一并表示衷心的感谢！

由于作者受专业水平的限制，本书在编写过程中难免有不足或错误之处，恳请读者批评指正，我们将不胜感激。

作　者

2016年12月

目　　录

0 总　　则

0.1　为了强化供电企业安全管理、减少生产活动中生产设备客观存在的异常等危害因素和风险转化成故障和事故的概率、提高设备和系统的安全健康水平，规范四川省能源投资集团有限责任公司（以下简称“四川能投”）系统供电企业生产安全风险评价工作，特制订《供电企业配电网生产设备安全风险评价标准》（以下简称《标准》）。

0.2　《标准》针对变电一次设备、电气二次设备、变电设备运行、变电设备检修、输电线路、配电线路和设备和电网运行等方面可能引发的故障和事故，以防止设备损坏事故为重点，用风险管理的方法进行风险评价。《标准》中的各部分评价项目的要求就是电力生产设备安全风险控制的指南。

0.3　电力生产设备安全风险评价采用企业自评价为主，适当的时候邀请专家评价的方式进行。各供电企业组织自评价，四川能投组织专家评价。

0.4　电力生产设备安全风险评价应实行动态闭环管理，对《标准》里的静态评价项目可以半年或一年为评价周期，对《标准》里的动态评价项目则结合现场生产实际或现场生产管理实际来评价。电力生产设备安全风险管理还应按照闭环管理要求实施PDCA的循环推进，不断提高，不断改进和完善风险管理工作的方式、方法，提高风险管理的实效性。具体工作中，首先应制定风险管理的目标和实施方案（Plan）；然后开展安全意识和能力培训，实施识别、控制、评价和处理（Do）；并对各项工作的效果进行监督和评价，对低效率环节以及不能有效达到目的的工作方法等进行分析和纠正（Check）；对风险管理效果和存在问题进行总结和评审，提出下一轮循环持续改进的措施（Action）。

0.5　本《标准》适用于四川能投系统所属供电企业。

0.6　《标准》内容包括：基本状况风险评价、变电一次设备风险评价、电气二次设备风险评价、变电设备运行风险评价、变电设备检修风险评价、输电线路风险评价、配电线路和设备风险评价以及电网运行风险评价。

0.7　电力生产设备安全风险评价的流程。

0.7.1　电力生产设备安全风险评价是对企业电力生产设备安全健康水平进行较为全面的风险评价。风险评价阶段的主要工作内容，第一是依据《标准》，制定标准化的检查表，按照一定的周期和程序，开展查评工作；第二是对已经掌握的风险数据进行综合研判、归纳分析，准确定位各层面的管理短板、薄弱环节和薄弱部位。

0.7.2　电力生产设备安全风险评价工作原则上以一年为周期进行。各单位可按照管理对象的风险度，选择风险度大的几个工区（车间、部门），进行全面的周期性查评。对《标准》中的各部分评价项目，可以合理确定评价的检查周期和查评方式，并可利用风险管理其他环节的工作结果。如对于变化不大的生产设备，可安排较长的评价周期，也可利用危害辨识阶段的静态危害辨识数据。对于动态变化的现场管理，则可以利用作业规范检查的结果。

为便于选择风险评价对象，各单位应开展短板分析，查找企业管理的短板和薄弱环节、薄弱部位。

评价工作也可以有意识地结合常态化安全检查、专项安全检查、春（秋）季安全检查和目标管理检查等工作进行。

0.7.3 综合分析工作应依据危害辨识、控制环节和评价工作获得的风险数据，进行分析评价；还可对已经发生的故障进行深入细致的分析，帮助风险定位。电力生产设备安全风险评价形成评价结论时，要明确指出发现的问题，确定整改要求，必要时明确复查方法及重点监控的方式、内容等。

0.8 配电网生产设备安全风险评价方法。

配电网生产设备安全风险评价方法、主要目的和概述见表0-1。

表0-1 配电网生产设备安全风险评价方法、主要目的和概述

风险评价方法	英文缩写	主要目的	概述
作业条件危险性评价法（又称“多因子评分法”）	LEC	给管理者、评价员提供危害辨识和风险评价的半定量评价方法，使他们能根据各项工作或任务的风险值和风险等级来确定风险控制的相对优先度，有效地管理风险	对存在的危险从后果、概率和暴露率等三个方面评价
安全检查表评价法	SCL	事故隐患查找	依据标准、经验列出检查项目和要求，进行危害辨识
前期风险评价法	PHA	针对项目规划或设计	根据已有的经验，在项目初期进行危害辨识和评价
故障模式与影响评价法	FMEA	针对设备和系统	以系统的元件的故障模式为线索，进行危害辨识和评价，分析发生该故障的原因，导致的后果和发生的可能性
危险与可操作性评价法	HAZOP	流程、操作步骤的详细研究	以某一功能单元的工艺变量为线索，进行危害辨识和评价，分析对系统产生的影响和产生的原因、可能性
工作安全性分析法	JSA	高危险工作	以工作的先后步骤为线索，进行危害辨识和评价

风险评价的实质是对所有风险进行有序排列的过程，确定风险的等级是其核心。风险评价方法选择后，我们就可以按照危害辨识的线索，根据危险源调查的结果，对辨识出的危险逐一进行风险等级划分，确定等级时可以选用很多方法，如LEC法等，也可以根据经验直接表明等级。

但是，风险评价过程中还应注意以下几个细节问题：

(1) 不同的人或群体在确定风险等级时都会有很大的不同，为了使风险排序更趋于合

理，必须成立评价小组，由来自不同岗位的相关人员围绕危害辨识线索，逐一展开分析和研讨，分析的内容有危害辨识的全面性和等级划分的合理性，集合团队的群体经验和思维，这是非常关键的。

（2）应明确可承受风险的上限，这一上限应根据企业资源的状况来确定。

（3）应考虑过去的事故经验、危险源现在的状态和将来发展趋势。

（4）某一危险可以导致不同程度的后果，在评价时如果不好判别风险大小时，可以列出几个后果以及导致此后果的可能性，经比较选择一个较大的作为该危险的依据，在此项工作中应强调“风险为某一后果和该后果发生的可能性的结合”。

另外，在开展电力生产设备安全风险评价工作时，需要多种查证方法配合应用，如：现场检查、查阅和分析资料、现场考问、实物检查、抽样检查、调查和询问等，对评价项目做出全面准确的评价。

0.9　风险控制的流程。

0.9.1　风险控制的主要内容是现场作业安全隐患辨识、评价和控制，同时开展反违章工作和管理者对作业现场的规范安全检查及整改，使风险控制工作形成闭环管理。

0.9.2　现场作业风险控制的主要步骤包括有预先危险性分析、作业标准化管理、安全措施交底以及作业中风险控制等。具体工作中，针对具体的作业项目，应首先进行预先危险性分析，即开展危害辨识、风险分析和风险评价，然后进行作业文件编写、安全措施交底，随作业过程实施作业风险控制，同时进行规范化的安全监督检查。在作业过程中，员工还要注意辨识工作中的其他危险，并实施相应的控制。

0.9.3　预先危险性分析工作要保证所辨识的隐患准确、全面，并突出重点，评价结论准确，提出的安全措施有针对性和实效性，能够保证控制效果。但辨识过程、分析与评价方法应力求简单实用，必要的作业可以逐步细化辨识、分析与评价，并编写典型范本供工作中参考应用。

0.9.4　作业安全规范检查和反违章是加强作业安全管理的有力措施，是实现闭环管理的重要环节。各单位应加强作业安全检查方法的研究，借鉴《生产过程工作安全分析手册》和《标准》等，实施标准化作业安全检查，同时进一步改进和完善反违章工作机制，提高反违章工作的实效性。

标准化作业安全检查工作中发现违章和管理问题时，应以制度为核心，做好两方面的工作：第一，完善检查制度体系，检查制度的具体内容和制度所描述的管理方法应符合当前管理工作的要求，检查现行有效的规章制度管理是否落到实处；第二，检查制度执行过程中是否存在着管理偏差，保障制度执行的机制应完善。

0.10　风险处理：

0.10.1　风险处理是安全隐患的消除和控制过程，内容主要是风险处理机制的建设及有效运作。

0.10.2　针对风险程度的不同，可采用不同的处理方法。针对具有一般风险的单位，采用“提示”（通报、批评、意见反馈、评价意见等）的方法通报，提出整改要求即可；对于风险较高或已发生事故的单位，则给予“亮牌”（责任追究、安全生产奖惩、目标管理排后位等）等处理；风险中等的，给予“预警”（安全隐患整改通知书、安全预警、专

项督查等）的处理，提出整改要求和期限，到期验收。验收不通过则给予延期乃至“亮牌”处理。

0.10.3 对于各种类型的风险处理，应采用不同方式的响应，进行整改。其中综合性的、重大的风险，应纳入企业级别的风险响应工作范畴，实施全面整改和隐患整治。对于制度执行力不强、执行不规范等管理类缺陷，采用加强考核手段纠正基层单位的工作偏差，或修订修改管理制度和工作方法，健全机制保障制度执行。

0.11 电力生产设备安全风险等级的划分。

0.11.1 分值的分配。配电网生产设备安全风险评价体系由八部分组成，在进行配电网生产设备安全风险评价时，要对每个部分的每个元素进行评价。各部分分值分配见表0－2，对各部分的评价得分进行累计，就得到最终的评价结果。

表0－2　配电网生产设备各部分分值分配

评　价　内　容	分值/分
基本状况	160
变电一次设备	1340
电气二次设备	1690
变电设备运行	930
变电设备检修	500
输电线路	1250
配电线路和设备	1685
电网运行	1035

0.11.2 配电网生产设备安全风险等级和对应安全星级的划分。配电网电力生产设备安全风险等级和对应安全星级的划分见表0－3。

表0－3　配电网电力生产设备安全风险等级和对应安全星级的划分

<table>
<tr><th>配电网生产设备
安全风险等级</th><th>对应安全星级</th><th>风险评价得分率</th><th></th></tr>
<tr><td>可忽略</td><td>★★★★★</td><td>$A>90$</td><td rowspan="5">A为得分率
$A=\sum$实得分/
$\sum$（标准分－无关项分）</td></tr>
<tr><td>可靠</td><td>★★★★</td><td>$90\geqslant A>75$</td></tr>
<tr><td>临界</td><td>★★★</td><td>$75\geqslant A>60$</td></tr>
<tr><td>严重</td><td>★★</td><td>$60\geqslant A>50$</td></tr>
<tr><td>致命</td><td>★</td><td>$A\leqslant 50$</td></tr>
</table>

0.11.3 不可接受的风险。“评分项目”里出现以下情况之一者为供电企业不可接受的风险：

0.11.3.1 涉及主设备损坏。

0.11.3.2 涉及多个供电企业存在同一性质的问题。

0.11.3.3 单项得分率$\leqslant 50\%$。

0.11.3.4　直接威胁人身安全。

0.12　评价程序：

0.12.1　企业自评价程序。

0.12.1.1　成立评价工作组：由企业安全第一责任人担任评价工作组组长，全面领导电力生产设备安全风险评价工作；主管生产的副总经理、总工程师、副总工程师、生产技术部主任、安全监察部主任等分别担任七个专业组的组长，负责具体评价工作。

0.12.1.2　教育培训：

(1) 教育培训的目的是提高员工“珍惜生命、防范风险”的意识，和“自主管理、安全工作”的能力。围绕这个目的，应重点做好“员工安全意识培养”“危害辨识与控制培训”“安全技能教育”三个方面的工作。

(2) 员工安全意识培养主要通过岗位的安全责任教育、事故案例教育及岗位风险教育等方式进行。此外，还应该以设备、制度、素质、环境为载体，提升各项安全文化建设工作，营造积极向上的安全舆论氛围和人文环境，通过安全文化活动进行教育，用文化的力量熏陶员工，使员工树立正确的安全价值观，提高遵章守纪的自觉性，形成自主辨识和控制风险的良好工作习惯。

(3) 危害辨识与控制培训的主要内容有：隐患、危险、危害、风险、评价、处理等风险管理基本概念及相互关系，电力生产设备安全风险管理的目的、方法、要求以及《标准》等内容。《生产过程工作安全分析手册》的学习是培训的重点工作，应持续有效地开展，并注重配套事故案例的针对性和实效性。还可以“边干边学”，通过辨识与控制的实践，教育员工应对各种风险的手段和措施。

(4) 安全技能培训则应以安全规程、现行有效安全规章制度和相关专业的安全作业知识、业务技能培训为主要内容，有计划地开展培训教育工作。

0.12.1.3　层层分解评价项目：落实责任制，各工区（车间、部门）和各班组将评价项目层层分解，明确各自应评价的项目、依据、标准和方法。

0.12.1.4　工区（车间、部门）和班组自查重点是对作业危害的辨识、隐患的风险评价。作业危害的辨识，各单位应从本单位的实际出发，不断丰富和完善《生产过程工作安全分析手册》；对风险评价和日常检查发现的隐患要及时对隐患的风险度进行评价，并提出风险控制措施。

0.12.1.5　各单位自评价工作应按照《标准》及其规定的查评查证方法逐项进行评价。

0.12.1.6　整理评价结果，提出自评价报告。电力生产安全风险评价自评价报告包括：自查总结（含电力生产设备安全风险等级的确定）、风险评价总分表、评价结果明细表、各工区（车间、部门）和班组的小结、安全风险评价发现的主要隐患和问题、风险处理措施。

0.12.2　专家评价程序。

0.12.2.1　专家评价由完成自评价的企业向上级单位提出申请，上级单位组织专家或委托中介机构实施。

0.12.2.2　风险评价专家组到达供电企业后，被评价单位应召开有自评价专业组成员和技术骨干参加的评价首次会，汇报自评价情况，分别介绍专家组成员和被评价单位各专业组成员，使双方对应专业人员相识并建立联系。

0.12.2.3 专家组通过一段时间的现场查看、询问、检查、核实，以及和企业各层次人员的交流，完成专家评价工作。

0.12.2.4 专家组评价结束后，专家组应向上级单位和被评价企业提出书面评价报告。评价报告包括：评价总结（含电力生产设备安全风险等级的确定）、评价发现的主要问题、风险处理措施建议。

0.13 本《标准》的解释权归四川省能源投资集团有限责任公司。

供电企业配电网生产设备安全风险评价标准

序号	评　价　项　目	标准分/分	评价方法	评分标准及方法	评价依据
1	**基本状况**	**160**			
1.1	**法规和制度标准**	**60**			
1.1.1	生产部门、生产车间（站、所）及其班组均应配备的国家、行业、企业颁发的法规和制度标准： 1.《中华人民共和国安全生产法》 2.《中华人民共和国电力法》 3.《生产安全事故报告及调查处理条例》国务院令第493号 4.《电力安全事故应急处置和调查处理条例》国务院令第599号 5.《电力安全事故调查程序规定》电监会第31号 6.《四川省安全生产条例》 7.《电力设施保护条例》 8.《电力设施保护条例实施细则》 9. 国家能源局《防止电力生产事故的二十五项重点要求》 10. 四川能投《安全生产管理标准》 11. 四川能投相关生产类管理标准 12. 各级安全生产管理制度（依据管理关系） 13. 各级相关生产类管理制度（依据管理关系） 14. 四川能投《安全设施标准化手册》	50	现场检查	差一项（最新版）扣5分，无清册扣10分	

续表

序号	评　价　项　目	标准分/分	评价方法	评分标准及方法	评价依据
1.1.2	梳理和识别，定期更新和发布	10	查相关文件	未定期更新扣10分，未定期发布扣10分	
1.2	**生产指标**	**100**			
1.2.1	220kV线路跳闸率≤0.55次/（百公里·年）	15	查上年度跳闸统计，本年度如已超标亦算超标	无统计不得分，超标不得分	
1.2.2	110kV线路跳闸率≤0.7次/（百公里·年）	15	查上年度跳闸统计，本年度如已超标亦算超标	无统计不得分，超标不得分	
1.2.3	35kV线路跳闸率≤0.8次/（百公里·年）	10	查上年度跳闸统计，本年度如已超标亦算超标	无统计不得分，超标不得分	
1.2.4	安全工器具周期试验率100%	10	查试验记录	无统计不得分，超标不得分	
1.2.5	两措计划完成率100%	10	查上年度两措总结	无统计不得分，超标不得分	
1.2.6	工作票合格率100%	10	抽查各种工作票50份	无统计不得分，超标不得分	
1.2.7	线路及设备一般缺陷消缺率≥90%	10	查缺陷记录	无统计不得分，超标不得分	
1.2.8	线路及设备危急、严重缺陷消缺率100%	10	查缺陷记录	无统计不得分，超标不得分	
1.2.9	线路及设备标示牌、警告牌的健全率95%	10	现场检查	无统计不得分，超标不得分	
2	**变电一次设备**	**1340**			
2.1	**专业规程标准**	**30**			
2.1.1	应配备的国家、行业颁发的规程标准： 1.《电业安全工作规程（发电厂和变电站电气部分）》GB 26860 2.《电力设备预防性试验规程》DL/T 596	20	现场检查	差一项（最新版）扣3分，无清册扣5分	

续表

序号	评价项目	标准分/分	评价方法	评分标准及方法	评价依据
2.1.1	3.《电力工程电缆设计规范》GB 50217 4.《工业糠醛试验方法》GB/T 1926.2 5.《变压器油中溶解气体分析和判断导则》GB/T 7252 6.《电气装置安装工程接地装置施工及验收规范》GB 50169 7.《交流电气装置的过电压保护和绝缘配合》DL/T 620 8.《火力发电厂与变电所设计防火规范》GB 50229 9.《污秽条件下使用的高压绝缘子的选择和尺寸确定》GB/T 26218 10.《标称电压 1kV 以上交流电力系统用并联电容器》GB/T 11024	20	现场检查	差一项（最新版）扣 3 分，无清册扣 5 分	
2.1.2	梳理和识别，定期更新和发布	10	查相关文件	未定期更新扣 5 分，未定期发布扣 5 分	
2.2	**主变压器和高压并联电抗器**	**320**			
2.2.1	整体技术状况	100			《防止电力生产事故的二十五项重点要求》国能安全〔2014〕161 号（以下称为“国家能源局《防止电力生产事故的二十五项重点要求》”）

续表

序号	评 价 项 目	标准分/分	评价方法	评分标准及方法	评价依据
2.2.1.1	油的色谱分析合格，220kV级油中含水量合格。运行20年以上的老旧变压器绝缘油应做糠醛试验，试验合格	25	查出厂、交接和预试性试验报告	超周期半年、含水量超出注意值扣10～15分；色谱超出注意值未查明原因不得分；严重超出加扣20分	《工业糠醛试验方法》GB/T 1926.2
2.2.1.2	油的电气试验（包括击穿电压、90℃的tanδ值）合格；油的其他试验项目（包括水溶性酸pH值、酸值等）试验合格	20	查阅试验报告	超周期半年扣分2～5分；任一项不合格不得分	《变压器油中溶解气体分析和判断导则》GB/T 7252
2.2.1.3	交接及预防性试验完整、合格；预试未超期	20	查交接及预防性试验报告	试验结果与前次相比相差30%以上又未分析扣5分；超周期扣10～15分；项目不全或任一项超标又未处理不得分	《电力设备预防性试验规程》DL/T 596
2.2.1.4	110kV及以上变压器发生出口短路和近区短路故障后立即进行了油色谱分析和绕组变形试验；220kV交接和大修后已进行局部放电试验	15	查阅有关试验报告	试验有一项未做不得分；试验不合格不得分	《电力设备预防性试验规程》DL/T 596
2.2.1.5	有危急、严重缺陷标准，在查评期的缺陷都及时得到处理	10	查缺陷记录	无危急、严重缺陷标准扣5分；有严重危急、缺陷未及时处理不得分	
2.2.1.6	8MVA及以上变压器采用胶囊、隔膜等技术措施	10	查阅产品说明书、检修报告，现场检查	任一台未采用或存在严重缺陷（如胶囊破裂）的不得分	

续表

序号	评价项目	标准分/分	评价方法	评分标准及方法	评价依据
2.2.2	整体运行工况	90			国家能源局《防止电力生产事故的二十五项重点要求》
2.2.2.1	上层油温未超过规定值；温度计及远方测温装置准确、齐全，并定期校验；温度计、控制室温度显示装置、监控系统的温度三者之间误差不超过5℃	15	查阅最大负荷及最高运行环境温度下的运行记录，现场检查	温度误差超5℃，无远方测温装置扣2～5分；油温超出规定值不得分	
2.2.2.2	油箱及其他部件不存在局部过热现象： 1. 油箱表面温度分布正常 2. 各潜油泵轴承部位无异常高温	10	查测试记录，现场检查	有超温现象不得分	
2.2.2.3	套管引线接头处已进行远红外测试，套管爬距不满足污区要求的已采取防污闪措施	15	查红外测温记录和防污闪措施	超温未处理不得分，并加扣5分；未采取防污闪措施的不得分	
2.2.2.4	高压套管及储油柜的油面正常	15	现场检查	储油柜油面不正常扣2分；套管油面不正常不得分	
2.2.2.5	强迫油循环变压器、电抗器冷却装置的投入和退出是按油温（或负载率）的变化来控制；冷却装置有两个独立的电源并能自动切换，且定期进行自动切换试验，潜油泵的轴承应采用E级或D级，油泵应选用转速不大于1500r/min的低速油泵	10	查运行规程，产品说明书、运行记录，现场检查	未进行自动切换试验扣2分；运行规程中没有规定随油温（或负载率）变化而自动切合不得分；未设两个独立电源不得分	

续表

序号	评价项目	标准分/分	评价方法	评分标准及方法	评价依据
2.2.2.6	净油器能正常投入，呼吸器运行及维护情况良好，气体继电器有防雨措施	10	查阅检修记录，现场检查	油杯缺油或硅胶变色超过60%未更换扣2分；呼吸器阻塞等其他缺陷扣2～5分	
2.2.2.7	大、小修未超周期，检修项目齐全；110kV级及以上（含套管）已采用真空注油，大修后试验项目齐全	15	查阅大、小修记录及总结，大修试验报告	检修缺项或大修后试验项目不全扣3～5分；超周期2年以上或未采用真空注油的不得分	
2.2.3	主要部件技术状况	80			国家能源局《防止电力生产事故的二十五项重点要求》
2.2.3.1	铁芯不存在接地现象；绕组无变形	15	查阅有关试验记录报告，大修记录总结	任一缺陷未消除不得分；问题严重加扣2～5分	
2.2.3.2	分接开关接触良好，有载开关及操动机构无重要隐患，有载开关的油与本体油无渗漏现象，有载开关的操动机构能按规定进行检修	15	查阅试验报告，本体油色谱试验报告，检修总结	有严重缺陷不得分，有载开关操动机构未按规定检修扣5分	
2.2.3.3	冷却系统不存在缺陷，如潜油泵风扇等；水冷却方式保持油压大于水压（双层冷却铜管者除外）	10	查阅运行报告、缺陷记录，现场检查	有缺陷未消除不得分	
2.2.3.4	套管及本体、散热器、储油柜等部位不存在渗漏油问题	20	现场检查	有渗油点扣2分；多处渗油或有漏油点不得分	
2.2.3.5	变压器中性点应有两根与主地网不同干线连接的接地引下线，并且每根接地引下线均应符合热稳定校验的要求	10	现场检查，查校验报告	无两根接地引线不得分，未进行热稳定校验扣6分	

续表

序号	评价项目	标准分/分	评价方法	评分标准及方法	评价依据
2.2.3.6	单台容量为125MVA及以上的变压器有水喷雾，排油注氮灭火系统、合成性泡沫喷雾灭火系统、其他类型的固定灭火装置，装置定期进行试验。消防泵的备用电源应由保安电源供给	10	现场检查，查阅试验记录	未进行定期试验扣5分；无灭火装置不得分	《火力发电厂与变电所设计防火规范》GB 50229
2.2.4	技术管理及技术资料	50			
2.2.4.1	每年有变压器运行分析专业总结报告	10	查报告	无报告不得分	
2.2.4.2	应有如下投运前的技术资料 1. 设备台账 2. 订货技术协议 3. 制造厂提供的设计安装图纸 4. 制造厂提供的安装使用说明书 5. 出厂试验报告 6. 交接试验报告 7. 变压器安装全过程记录（含器身吊罩检查及处理记录） 8. 变压器保护回路的安装竣工图 9. 绝缘油质化验及色谱分析报告 10. 变压器安装工程监理及验收报告 11. 备品备件清单	10	检查核对资料	缺一种扣2分；资料不完整、不规范每种扣1分	
2.2.4.3	变压器运行技术资料 1. 历次检修记录（含大修总结） 2. 历次预试报告 3. 变压器油质化验，色谱分析和绝缘油处理记录 4. 变压器红外测温记录	10	检查核对资料	缺一种扣2分；资料不完整、不规范每种扣1分	

续表

序号	评　价　项　目	标准分/分	评价方法	评分标准及方法	评价依据
2.2.4.3	5. 保护和测量装置校验记录 6. 变压器缺陷及处理记录 7. 事故异常运行记录	10	检查核对资料	缺一种扣2分；资料不完整、不规范每种扣1分	
2.2.4.4	有反事故措施（以下简称“反措”）计划	10	查阅反措计划	没有反措计划不得分	
2.2.4.5	变压器运行规程、检修规程正确完整	10	查询现场运行规程和检修规程，现场查询	现场规程有错误扣2～5分；无现场运行规程和检修规程不得分	
2.3	**高压配电装置**	**680**			国家能源局《防止电力生产事故的二十五项重点要求》
2.3.1	变电站各级电压短路容量控制在合理范围；导体和电器设备满足动热稳定校验要求	20	查阅设备档案资料及有关校验计算结果	未校验计算不得分；不满足动热稳定要求，加扣20分	
2.3.2	母线及架构	70			
2.3.2.1	电瓷外绝缘（包括变压器套管、断路器断口及均压电容，母线外绝缘和其他设备的绝缘瓷件）的爬距配置符合所在地污秽等级要求，不满足要求的已采用防污涂料或加强清扫等其他措施	15	查阅设备外绝缘台账，实测盐密资料，现场检查	未做到全部符合规定（包括断路器断口及均压电容：220kV及以下2.25倍相对地外绝缘）扣10分；有严重问题加扣10分	《污秽条件下使用的高压绝缘子的选择和尺寸确定》GB/T 26218
2.3.2.2	电瓷外绝缘应定期清扫，做到逢停必扫；110kV及以上棒式支撑绝缘瓷瓶定期开展无损探伤检查	10	查阅清扫、检修记录，现场检查	未做到不得分	
2.3.2.3	定期监测盐密值和灰密值，测试方法正确，记录完整符合要求	10	查阅测试记录，现场查询	测试方法不正确或记录不完整扣5～8分；未开展盐密测试不得分	

续表

序号	评价项目	标准分/分	评价方法	评分标准及方法	评价依据
2.3.2.4	悬式盘形瓷质绝缘子串已按规定摇绝缘或检测零值绝缘子；母线支持绝缘子（包括隔离开关的支持绝缘子）能进行定期检查	10	查阅定期检测报告	未做到不得分；记录不完整扣5分	
2.3.2.5	各类接点无过热情况，接点温度监视手段完善，带电普测每年不少于2次，在设备出现异常、负荷增大和依据巡视情况安排重点测温	15	查阅测温记录，现场检查	未建立定期红外测温工作不得分；记录不完整扣5分	
2.3.2.6	水泥架构（含独立避雷针）无严重龟裂、混凝土剥离脱落、钢筋外露等缺陷，钢架构及金具无严重腐蚀；架构满足热稳定要求	10	查阅缺陷记录，现场检查	有缺陷每处扣2分	
2.3.3	高压开关设备（含GIS设备）	190			
2.3.3.1	断路器的容量和性能满足短路容量要求，断路器切空载线路能力符合要求，外绝缘结构，包括干弧距离、伞形、外绝缘爬距能满足当地污秽等级要求	20	根据继保专业提供的短路容量与设备台账有关参数进行校验；查阅不安全情况记录等	不符合要求又无相应措施不得分；有严重问题加扣30分	
2.3.3.2	断路器的操动机构转动灵活、可靠，辅助开关及二次回路绝缘良好，机构箱防潮措施落实，液压机构无漏油、打压频繁，箱体密封性能良好	20	现场检查，查缺陷记录	有严重缺陷不得分，一般缺陷每例扣3～5分	
2.3.3.3	高压开关柜内绝缘件应采用阻燃绝缘材料（如环氧或SMC材料），严禁采用酚醛树脂、聚氯乙烯及聚碳酸酯等有机绝缘材料，手车开关的推入拉出灵活，无卡涩现象	10	现场检查	有阻燃材料未改造的不得分，手车卡涩的每处扣5分	

续表

序号	评价项目	标准分/分	评价方法	评分标准及方法	评价依据
2.3.3.4	电气预防性试验项目无漏项、无超期、无不合格项目（包括油、SF_6 气体等的试验项目）	20	查阅试验报告，缺陷记录	重要项目［如少油和空气断路器的泄露电流；35kV及以上非纯瓷套管和多油短路器的介质损耗因素 $\tan\delta$；固有分合闸时间、速度及周期；分合闸最低动作电压、各相导电回路电阻；SF_6 气体湿度；SF_6 密度继电器检查及压力表校验；二次绝缘电阻；液压（气动）机构零其打压时间及补压时间等］超限或不合格不得分；任一台超期6个月以上或有漏试项目均不得分	《电力设备预防性试验规程》DL/T 596
2.3.3.5	断路器和隔离开关大小修项目齐全，无漏项，重要反措项目（如断路器防慢分措施）落实；未超过规定检修周期（包括故障切断次数超限），有检修记录，检修总结	20	查阅设备检修记录、总结等	超过检修周期（包括故障切断次数超限的情况）扣8分；反措主要项目未落实或检修漏项严重不得分	
2.3.3.6	有高压断路器设备严重和危急缺陷标准，现场检查无严重、危急缺陷，设备评价周期内缺陷及时处理	40	查阅缺陷记录、检修记录，现场检查	无标准扣20分，现场有严重以上缺陷不得分并加扣20分	
2.3.3.7	应淘汰的断路器已全部淘汰；应改造的小车开关柜已全部改造；绝缘隔板材质符合要求，2005年后投运的应是无油化开关，其中真空断路器应是本体和机构一体化设计制造的产品	15	查阅设备台账，更改计划，现场检查	未淘汰、未改造不得分；2005年后投运的仍有油开关不得分	

续表

序号	评 价 项 目	标准分/分	评价方法	评分标准及方法	评价依据
2.3.3.8	高压开关柜室通风、防潮良好，防小动物措施落实。封堵隔离措施完善，SF_6 开关室气体自动检测及报警装置完好	20	现场检查	有严重缺陷不得分，一般缺陷每例扣 3～5 分	
2.3.3.9	有预防高压开关事故措施并落实，特别是预防绝缘拉杆脱落；预防拒动、误动；预防灭弧室事故；预防绝缘闪路爆炸；预防 SF_6 断路器事故；预防合闸电阻事故措施的制订和落实	15	查阅预防高压开关事故措施，检查措施落实情况	不齐全、不完整扣 5～10 分；无措施、无记录、无总结不得分	
2.3.3.10	各类断路器、隔离开关的档案资料齐全： 1. 订货技术协议 2. 出厂试验报告 3. 安装使用说明书 4. 设计图纸 5. 安装记录 6. 交接试验和验收报告 7. 运行记录 8. 历次预试及检修试验报告 9. 缺陷记录 10. 故障开断记录	10	查阅技术资料	每缺一项扣 2 分	
2.3.4	互感器、耦合电容器、避雷器和消弧线圈	90			
2.3.4.1	设备技术性能满足规程要求	15	查技术资料	达不到要求每处扣 10 分	
2.3.4.2	现场检查无异常	15	现场检查	有一般缺陷每处扣 5 分，严重及以上缺陷不得分并加扣 10 分	
2.3.4.3	预试无漏项、无超期、无超标	20	查试验报告	漏项每处扣 10 分，超期 4 个月不得分，超标每处扣 10 分	《电力设备预防性试验规程》DL/T 596

续表

序号	评 价 项 目	标准分/分	评价方法	评分标准及方法	评价依据
2.3.4.4	缺陷管理，有危急、严重缺陷标准，评价期内缺陷全部及时处理	15	查缺陷记录、缺陷标准	无标准扣 5 分，未及时处理每处扣 10 分	
2.3.4.5	按反措要求对老旧设备已做相应改造，如老型互感器加装金属膨胀器进行密封改造，无改造价值的应退出运行	10	现场检查	应改造未改造每例扣 5 分，应退出未退出不得分	
2.3.4.6	资料齐全，符合现场实际	15	查资料管理	按评价标准所列，差一种扣 2 分	
2.3.5	阻波器	30			
2.3.5.1	阻波器导线无断股；接头无发热；销子、螺丝齐全牢固	10	查阅缺陷记录、红外测温记录，现场检查	不符合要求不得分	
2.3.5.2	安装牢固、有防摇摆措施，与架构及相间距离符合要求	10	查阅图纸资料，现场检查	不符合要求不得分；有严重问题加扣 10 分	
2.3.5.3	无搭挂异物；架构无变形及鸟巢；阻波器内小避雷器按期进行了预试	10	现场检查	不符合要求不得分	
2.3.6	防误操作技术措施	110			
2.3.6.1	制定有本单位的防止电气误操作和防误装置管理规定实施细则，防误装置的运行列入现场运行规程，防误装置的检修列入检修规程	20	查阅资料	无管理规定细则不得分，运行规程、检修规程无防误装置内容扣 10 分	
2.3.6.2	户外 35kV 及以上开关设备实现了“四防”（不含防止误入带电间隔），防误闭锁装置正常运行	15	现场检查，查阅资料等	防误闭锁装置功能不全，扣 5～8 分；无防误闭锁装置不得分并加扣 20 分	
2.3.6.3	户内高压开关设备实现了“五防”，防误闭锁装置正常运行	15	现场检查，查阅资料等	防误闭锁装置功能不全，扣 5～8 分；无防误闭锁装置不得分并加扣 20 分	

续表

序号	评价项目	标准分/分	评价方法	评分标准及方法	评价依据
2.3.6.4	闭锁装置使用的直流电源应与继电保护、控制回路的直流电源分开，交流电源应是不间断工作电源	10	现场检查，查阅资料等	不符合要求不得分	
2.3.6.5	闭锁装置的维护责任制明确，维护状况良好	10	查阅有关管理制度办法，现场检查	责任制不明确，维护状况不好均不得分；未能及时消除闭锁装置的缺陷加扣10分	
2.3.6.6	一次模拟图板规范，与实际设备及运行方式相符	10	现场检查	不规范、与实际不完全相符，或接地刀闸不能标示等均不得分	
2.3.6.7	解锁钥匙严格封闭管理，解锁钥匙使用有记录，记录中有使用原因、日期、时间、使用人、批准人姓名	20	现场检查，查阅记录	未严格封闭管理不得分；无使用记录不得分，记录中无批准人不得分，其他填报不规范扣10分	
2.3.6.8	单位有防误装置运行记录	10	检查记录	无记录不得分，记录不规范扣5分	
2.3.7	安全设施及设备编号、标示	70			四川能投《安全设施标准化手册》
2.3.7.1	配电室门窗应为防火材料制成，门由高压室向低压室开门窗（孔洞）、电缆进入配电室孔洞封闭严密；防小动物进入措施完善，经常开启的门应装有活动挡板	15	现场检查	门窗孔洞封闭不严或防小动物措施不完善不得分	
2.3.7.2	装有SF_6断路器、组合电器的室内的安全防护措施符合要求，包括有气体自动监测装置、通风装置、自启动装置	10	现场检查	不符合要求不得分	

续表

序号	评　价　项　目	标准分/分	评价方法	评分标准及方法	评价依据
2.3.7.3	带电部分固定遮栏尺寸、安全距离符合要求；安装牢固、配置齐全、完整、关严、上锁	15	现场检查	不符合要求不得分；有严重问题加扣10分	
2.3.7.4	所有电气一次设备均有调度编号，高压开关设备（断路器、隔离开关及接地开关等）安装有双重编号（调度编号和设备、线路名称）的编号牌、色标；户内柜前后都应有柜名和编号牌，字迹清晰，颜色正确，安装牢固	10	现场检查评议	字迹不清，安装不牢，不合格扣分2～5分，有缺漏不得分、无双重编号不得分	
2.3.7.5	常设警示牌（如户外架构上的“禁止攀登，高压危险”，户内外间隔门上的“止步，高压危险”等）齐全，字迹清晰	10	现场检查	应装而未装的每处扣2分，不符合要求，有缺漏、字迹不清，每处扣1分	
2.3.7.6	控制、仪表盘上的控制开关按钮、仪表熔断器、二次回路连接片、端子排名称齐全，字迹清晰	10	现场检查	差一处扣1分，有缺漏、字迹不清，每处扣1分	
2.3.8	过电压保护及接地装置	100			《交流电气装置的过电压保护和绝缘配合》DL/T 620 《电气装置安装工程接地装置施工及验收规范》GB 50169
2.3.8.1	避雷针的防直击雷保护满足有关规程要求，保护范围满足被保护设备、设施和构架、建筑物安全的要求，资料图纸齐全、完整	10	查阅避雷针（线）的保护范围图纸资料，现场检查	无图纸不得分，图纸资料不全扣5分；有保护空白点或设计、安装不符合要求不得分	

续表

序号	评价项目	标准分/分	评价方法	评分标准及方法	评价依据
2.3.8.2	雷电侵入波保护满足站内被保护设备、设施的安全，避雷器配置和选型正确、可靠，雷电计数器安装正确，计数增加时及时抄录	10	查阅有关图纸资料，现场检查	资料图纸不全不得分；不符合要求	
2.3.8.3	内过电压保护是否符合有关规程要求	20	查阅运行记录、规程，现场查询等	不符合要求扣10～20分；有严重问题加扣分10～20分	
2.3.8.4	110kV及以上主变压器中性点过电压保护完善，避雷器和防电间隙按规程要求定期试验	10	查阅设备台账、现场检查	不符合要求不得分	《电力设备预防性试验规程》DL/T 596
2.3.8.5	接地引下线的联结、焊接符合规程要求：扁钢搭接长度是扁钢宽度的两倍，三面焊实，圆钢搭接长度是圆钢直径的6倍，两边焊实，用螺栓连接时应设防松螺帽或防松垫片	20	现场检查	不符合要求每处扣2分	《交流电气装置的接地设计规范》GB/T 50065
2.3.8.6	按规程要求定期测试接地电阻，接地电阻值合格；运行10年以上的地网已开挖检查过	10	查阅测试报告，开挖检测记录	接地电阻试验超期半年不得分；接地电阻不合格且又未处理，运行10年以上的地网没开挖等均不得分	
2.3.8.7	接地装置地线（包括设备，设施引下线）的截面，应满足热稳定（包括考虑腐蚀因素）校验要求；钟罩式变压器上下油箱间有保证电位一致的短路片	10	查阅有关校验计算资料，现场检查	导体截面不符合要求每处扣5分	
2.3.8.8	重要电气一次设备及设备构架应有不同点的两根接地线与地网连接，均应符合热稳定计算要求 带电设备的金属护网、遮栏及网门应可靠接地	10	现场检查	主变压器无两根接地线不得分，其余的无两根接地线扣5分，护网遮拦未接地每处扣3～5分	

续表

序号	评价项目	标准分/分	评价方法	评分标准及方法	评价依据
2.4	**变电站内电缆及电缆构筑物**	**130**			国家能源局《防止电力生产事故的二十五项重点要求》 《电力工程电缆设计规范》GB 50217 《电缆线路施工及验收规范》GB 50168
2.4.1	电缆敷设固定符合要求(转弯半径、电缆固定、排列整齐等)，单相交流电缆的固定夹具不应造成闭合磁路，电缆附件安装符合规定	10	查图纸、现场检查	不符合要求每处扣3分	
2.4.2	电力电缆和控制电缆应分沟敷设，无法分沟的应分边敷设	10	现场检查	不符合要求的不得分	
2.4.3	电缆的屏蔽层和金属保护层的两端均应接地，电缆支架、电缆桥架两端和中间应多点接地	10	现场检查	不符合要求的不得分	
2.4.4	电力电缆预防性试验无漏项无超标及实验数据变化异常增大现象，试验不超周期	10	查阅资料，现场抽查	一项试验资料不全不得分；一条超期6个月以上或有项目不合格、数据变化趋势大不得分	
2.4.5	有定期巡视、定期维护制度并严格执行，巡视、维护记录规范，同站外单位维护分界点有文字规定	10	查阅资料，现场抽查	发现一处问题扣2分；现场存在问题但缺陷未记录每处扣3分，无分界点文字规定扣5分	

续表

序号	评价项目	标准分/分	评价方法	评分标准及方法	评价依据
2.4.6	电力电缆应有计及各类校正系数后允许载流量计算值，最大负荷电流不超过允许载流量（电缆线路限流表）	10	查阅有关资料，校验计算及运行记录	一条偶尔出现过载但未采取措施的扣2分；未校正核算不得分；任一条经常出现过载、过负荷时间超过厂家规定而无措施不得分，并加扣5分	
2.4.7	电力电缆终端头完整清洁无漏油、溢胶、放电、发热等现象；电缆头连接点应作为变电站测温的测点，及时测温	10	现场检查	一处异常不得分；存在重大缺陷加扣5分	
2.4.8	穿越墙壁、楼板及由电缆沟进入控制室的电缆孔洞，电缆竖井封堵严密，符合要求	10	现场检查	封堵不严每处扣3分	
2.4.9	电缆沟防止积水、排水良好，沟内无杂物，电缆沟盖板不缺损，放置平稳密实，沟边无倒塌情况，支架接地良好	10	现场检查	发现积水、杂物等一般问题每处扣2分，盖板不严扣5分	
2.4.10	电缆夹层照明良好（高度低于2.5m要使用安全电压供电），夹层内有灭火装置，装设有烟气温度报警装置	10	现场检查	不符合要求不得分	
2.4.11	电缆防火措施完好： 1. 电缆穿越处孔洞用防火材料封堵严密，不过火、不透光，不能进入小动物 2. 电缆夹层、电缆沟内保持整洁、无杂物、无易燃物品 3. 电缆主通道有分段阻燃措施；重要电缆采用耐火隔离措施或采用阻燃电缆	10	现场检查	不符合要求每处扣3分	

续表

序号	评　价　项　目	标准分/分	评价方法	评分标准及方法	评价依据
2.4.12	电力电缆室内外终端头和沟道中电缆及电缆中间接头的标志牌符合要求；控制电缆头各处有电缆标志牌（走向、型号、芯数、载面等），地下直埋电缆的地面标志齐全符合要求	10	现场检查	有问题每处扣3分	
2.4.13	运行单位有下列资料： 1. 全部电缆（电力、控制）清册，内容包括电缆编号，起止点，型号，电压，电缆芯数，截面，长度等 2. 电缆路径图或电缆布置图	10	查阅资料，现场抽查	清册内容不全或不完全符合实际一处扣2分；无清册不得分	
2.5	**变电站站用电系统**	**80**			国家能源局《防止电力生产事故的二十五项重点要求》
2.5.1	站用变压器至少两台，分别接于不同电压等级或不同母线，单台容量能满足站用最大负荷，两台站用变互为备用能自动切换	15	现场检查	无两台不得分，容量不足不得分，接线不合要求不得分，不能自动切换扣5分，未定期切换试验扣3分	
2.5.2	为满足直流电源等的要求，220kV变电站还应具有可靠的外来独立电源站用变压器供电（或汽、柴油发电机等）	10	现场检查	无外来独立电源不得分，汽柴、油机未定期启动扣5分	
2.5.3	站用变压器、配电设备技术能运行状况满足规程要求	10	查资料，现场检查	不符合要求每处扣2～5分	
2.5.4	站用生活用电和生产用电分开，运行用电和检修用电分开	10	现场检查	未分开不得分	

续表

序号	评价项目	标准分/分	评价方法	评分标准及方法	评价依据
2.5.5	现场检修电源箱应装漏电保护器、箱门应上锁，箱体和箱门应接地，箱门上应有安全警示语，生活电源也应设漏电保护器	15	现场检查	未装漏电保护器不得分，未上锁扣5分，未接地扣10分，无警示语扣5分	
2.5.6	站内照明符合要求，事故照明安全可靠并定期试投	10	现场检查	灯具不亮每处扣1分，事故照明未定期试投扣3分	
2.5.7	站用电系统，图纸资料齐全符合现场实际	10	查资料，现场检查	无图纸不得分，有漏错每处扣5分	
2.6	**并联电容器**	**100**			国家能源局《防止电力生产事故的二十五项重点要求》《标称电压lkV以上交流电力系统用并联电容器》GB/T 11024
2.6.1	设备容量及选型符合无功配置原则，电容器耐爆容量不超标	15	查设计资料	容量达不到要求扣10分，耐爆重超标扣10分	
2.6.2	电容器安装符合规程要求和厂家规定。一次接线正确，氧化锌避雷器、熔断器、电熔器的断路器、串联电抗器等按规定配置安装	15	查安装资料，现场检查	不符合要求每处扣5分，接线错误不得分	
2.6.3	现场检查无异常，设备无渗漏油、无鼓肚，熔断器无锈蚀熔断，无异常响声和振动现象（串联电抗器）接地装置接地良好，连接点可靠接地，金属护栏已接地，设备清洁	20	现场检查	有漏油鼓肚扣15分，其余缺陷每处扣5分	

续表

序号	评　价　项　目	标准分/分	评价方法	评分标准及方法	评价依据
2.6.4	试验无漏项，无超标，无超期，重点为电容量测试，各串联段最大与最小电容比不超过2%，极对壳绝缘电阻不小于2000MΩ，对继电保护初始不平衡值进行实测，有异常时进行谐波测量，按周期测温	15	查试验报告	有超标每处扣5分，超期4个月不得分，漏项每处扣5分	
2.6.5	技术资料档案齐全： 1. 厂家提供的图纸 2. 厂家提供的安装使用说明书 3. 出厂试验报告 4. 交接试验数据和验收资料 5. 历次预试报告 6. 检修记录 7. 缺陷记录 8. 测温记录	15	查资料	每差一种扣3分	
2.6.6	按调度规定按时投入或切除备用	20	查运行记录	未按规定投切一次扣5分	
3	**电气二次设备**	**1690**			
3.1	**专业规程标准**	**40**			
3.1.1	电气二次专业应配备的国家、行业颁发的规程标准： 1. 原国家电监会《电力二次系统安全防护规定》 2. 国家经贸委《电网与电厂计算机监控系统及调度数据网络安全防护规定》 3. 原国家电监会《电力二次系统安全防护总体方案》 4. 《电业安全工作规程（发电厂和变电站电气部分）》GB 26860	20	现场检查	差一项（最新版）扣3分，无清册扣5分	

续表

序号	评价项目	标准分/分	评价方法	评分标准及方法	评价依据
3.1.1	5.《电力安全工作规程(电力线路部分)》GB 26859 6.《电力设备预防性试验规程》DL/T 596 7.《继电保护和安全自动装置技术规程》GB/T 14285 8.《蓄电池直流电源装置运行与维护技术规程》DL/T 724 9.《电力工程直流系统设计技术规程》DL/T 5044 10.《电气装置安装工程接地装置施工及验收规范》GB 50169 11.《交流电气装置的过电压保护和绝缘配合》DL/T 620 12.《交流电气装置的接地设计规范》GB/T 50065 13.《接地装置特性参数测量导则》DL/T 475 14.《微机继电保护装置运行管理规程》DL/T 587 15.《电力系统继电保护及安全自动装置运行评价规程》DL/T 623 16.《电力工程电缆设计规范》GB 50217 17.《电缆线路施工及验收规范》GB 50168	20	现场检查	差一项（最新版）扣3分，无清册扣5分	
3.1.2	通信专业应配备的国家、行业颁发的专业规程标准： 1. 国家经贸委《电网与电厂计算机监控系统及调度数据网络安全防护规定》	10	现场检查	差一项（最新版）扣3分，无清册扣5分	

续表

序号	评价项目	标准分/分	评价方法	评分标准及方法	评价依据
3.1.2	2.《电业安全工作规程（发电厂和变电站电气部分）》GB 26860 3.《电力安全工作规程（电力线路部分）》GB 26859 4.《蓄电池直流电源装置运行与维护技术规程》DL/T 724 5.《电力通信运行管理规程》DL/T 544 6.《电力系统微波通信运行管理规程》DL/T 545 7.《电力线载波通信运行管理规程》DL/T 546 8.《电力系统光纤通信运行管理规程》DL/T 547 9.《电力系统通信站防雷运行管理规程》DL/T 548 10.《电力系统数字调度交换机》DL/T 795 11.《微波电路传输继电保护信息设计技术规定》DL/T 5062 12.《35kV～110kV 无人值班变电所设计规程》DL/T 5103	10	现场检查	差一项（最新版）扣 3 分，无清册扣 5 分	
3.1.3	梳理和识别，定期更新和发布	10	查相关文件	未定期更新扣 3 分，未定期发布扣 2 分	
3.2	**直流系统**	**320**			国家能源局《防止电力生产事故的二十五项重点要求》

续表

序号	评价项目	标准分/分	评价方法	评分标准及方法	评价依据
3.2.1	直流系统的蓄电池，充电装置和直流母线，配电屏的配置和运行方式，满足有关规程和反措的要求，配置要求：重要的110kV变电站、220kV变电站配置两组蓄电池，两台高频开关电源或三台相控充电装置，对原采用的“电容储能”、硅整流器、48V电池简易电源装置应改为蓄电池组供电	20	现场检查	未满足有关规程、反措的要求15～20分；存在严重问题的不得分，并加扣10分	《电力工程直流系统设计技术规程》DL/T 5044
3.2.2	技术状况	70			《蓄电池直流电源装置运行与维护技术规程》DL/T 724
3.2.2.1	直流母线电压保持在规定范围内	10	现场检查	超出正常范围不得分	
3.2.2.2	直流系统对地绝缘情况良好	10	现场检测，查阅日志	视绝缘劣状况化扣5～8分，有严重问题不得分	
3.2.2.3	绝缘监察装置和电压监察装置正常投入，并按规定周期进行定期检查（包括常规装置和微机型直流系统选检装置）	10	现场检查，并查阅定期检验记录	任一套监察装置未正常投入或超周期未检验扣5分；有两套及以上装置存在此种情况不得分	
3.2.2.4	直流屏（柜）上的测量表准确，并按仪表监督规定进行定期校验。电压、电流表的使用量程满足运行监视的要求	10	查阅校验记录或标签，并作现场检查	任一表计不准确或未定期校验或使用量程不满足运行监视的要求扣2分	
3.2.2.5	充电装置的性能（包括稳压、稳流精度和波纹系数）满足有关规程和反措要求，运行工况良好，不存在严重缺陷	10	查阅装置说明书和检验记录，现场检查	装置性能不能满足要求或运行工况不正常扣5～15分；存在严重缺陷不得分	

续表

序号	评价项目	标准分/分	评价方法	评分标准及方法	评价依据
3.2.2.6	主变压器、110kV及以上线路、母线、旁路开关等主要配电装置的控制、保护和信号回路直流电源的供电方式，符合有关规程和反措要求	10	现场检查，并查阅有关原理展开图	有一处不符合反措要求扣2分	
3.2.2.7	执行规程规定，直流回路采用具有自动脱扣功能的直流断路器，未采用交流断路器，直流断路器下一级不再接熔断器	10	现场检查	不符合要求不得分	《电力工程直流系统设计技术规程》DL/T 5044
3.2.3	蓄电池	80			《蓄电池直流电源装置运行与维护技术规程》DL/T 724
3.2.3.1	蓄电池的端电压、单体蓄电池电压、浮充电流值、电解液比重和液位处于正常范围，按规定进行测量和检查；数据准确，记录齐全；测试表计（数字电压表、吸管式比重计）完好合格，定期进行校验	20	查阅测试记录，并作现场检查	记录不全扣5～10分；使用测量表计不合格扣10分；存在个别性能较差电池且超过一周末处理扣10分；存在不正常情况，或未按规定测量，或测量数据不准确扣10～15分	
3.2.3.2	铅酸蓄电池不存在极板弯曲、脱落、硫化、极柱腐蚀和漏液等缺陷；碱性蓄电池无爬碱现象；定期进行蓄电池组的维护、清扫和检查	20	现场检查	任一个蓄电池存在任一种缺陷扣5分，存在严重问题不得分；未定期进行蓄电池组的维护、清扫，扣5分	
3.2.3.3	浮充运行的蓄电池组浮充电压、电流的调节适当；补助电池进行定期充电，或设专用充电装置浮充	10	检阅记录，现场检查	浮充电压或电流调节不当，补助电池未进行定期充电扣5～8分	

续表

序号	评价项目	标准分/分	评价方法	评分标准及方法	评价依据
3.2.3.4	定期进行核对性放电或全容量放电试验；能在规定的终止电压下，分别放出额定容量的50%或80%，并按规定进行均衡充电	20	查阅记录	记录不全扣5～10分；未按规定进行均衡充电扣5分；无试验记录或超周期未进行放电试验或容量严重不足不得分	
3.2.3.5	蓄电池室的通风和采暖设备良好，室温满足要求；室内设备的放火、防爆、防震措施符合规定	10	现场检查	任一种通风、采暖、照明设备不良扣2分；室温不满足要求或防火、防爆、防震措施不符合规定扣5～8分	
3.2.4	直流系统各级熔断器和空气小开关的动作整定值有专人管理；定期进行核对；满足选择性动作要求，现场有直流系统定值一览表，有规格齐全、数量足够、质量合格的熔断器配件	20	查阅定期核对记录和定值一览表	有一处整定值不满足选择性要求扣5分；上下级之间无选择性不得分，无专人管理或定值未定期进行核对不得分，无定值表扣5分，配件不全扣2～5分	
3.2.5	直流屏（柜）上的断路器、隔离开关、熔断器、继电器、表计等元件的名称编号标志完整清晰；熔断器熔件额定电流的标示规范、正确	15	现场检查	有一处标志和标示不清晰、不齐全、不正确扣2分	
3.2.6	变电站备有足够数量、规格齐全的熔断器熔件的备件；做到定点存放，型号规格标志清晰	10	现场检查	备件规格不全、数量不足扣5分；管理混乱，多数备件规格标志不清不得分	

续表

序号	评价项目	标准分/分	评价方法	评分标准及方法	评价依据
3.2.7	事故照明及自动切换装置能正常投入；定期进行切换试验	10	现场检查并作切换试验	试验切换装置失灵不得分，事故照明不满足要求扣5分，未定期切换扣5分	
3.2.8	反措施项目设备底数清楚；有年度反措实施计划，能按期完成	25	查阅实施计划和完成进度记录，并现场核查	反措实施计划不规范或计划项目完成率低扣5～10分；反措项目设备底数不清，未制订反措实施计划不得分	
3.2.9	直流系统电缆应采用阻燃电缆，两组蓄电池电缆应分别铺设在各自独立的通道内，在穿越电缆竖井时，两组电池电缆应加装金属套管	15	现场检查	未采用阻燃电缆扣10分，铺设不符合规定扣10分	
3.2.10	专业班组和变电站，具备符合实际的直流系统图、直流接线图和熔断器（空气小开关）定值一览表	10	现场检查，并查阅专业班组有关资料	系统图、接线图或定值一览表不规范扣2分、不符合实际扣5分；无系统图、接线图或无定值一览表，各扣5分	
3.2.11	220kV变电站直流电源装置除由本站电源的站用变压器供电外，还应具有外来可靠的独立电源站用变压器供电	25	现场检查	无外来电源或另外电源不得分	
3.2.12	直流系统检修试验规程和现场运行规程齐全、规范，并符合实际	20	查阅有关规程	规程不规范扣5分；不符合实际扣10分；缺少任一种规程不得分	

续表

序号	评价项目	标准分/分	评价方法	评分标准及方法	评价依据
3.3	**继电保护及安全自动装置**	**660**			国家能源局《防止电力生产事故的二十五项重点要求》 《继电保护和安全自动装置技术规程》GB/T 14285 《微机继电保护装置运行管理规程》DL/T 587 《电力系统继电保护及安全自动装置运行评价规程》DL/T 623
3.3.1	装置配置和运行工况	100			
3.3.1.1	主变压器、母线、断路器失灵、电容器组、电抗器、线路的继电保护和安全自动装置（以下简称“保护装置”）的配置和选型，符合规程的规定	20	对照设备，查阅有关台账和记录资料	后备保护配置不合理扣5～8分；主保护配置不符合规程规定不得分	
3.3.1.2	保护装置已按整定方案要求投入运行	20	依据整定方案、定值通知单作现场检查	后备保护未投入，每套扣4分；主保护未投入，每套扣10分；220kV主系统主保护未投入不得分并加扣10分	
3.3.1.3	保护装置的运行工况正常	20	查阅统计分析资料，缺陷记录等；现场检查	主保护存在一般缺陷扣5分；严重缺陷扣10～15分；后备保护存在一般缺陷扣2分；严重缺陷扣5分	

续表

序号	评价项目	标准分/分	评价方法	评分标准及方法	评价依据
3.3.1.4	保护装置运行规程符合设备实际情况、审批手续完备	20	对照设备查阅变电站运行规程及专用保护装置现场运行规程	每缺一种保护装置的运行规程扣4分；规程内容不符合实际、审批手续不完备、编写出版不规范，每种扣3分	
3.3.1.5	线路快速保护、母线差动保护、断路器失灵保护等重要保护的运行时间符合规程规定的要求，严禁无母差保护时进行母线及相关设备的倒闸操作	20	查阅有关保护运行时间统计资料	上述重要保护的运行时间低于规定时间，每套扣5分	
3.3.2	保护双重化配置	100			
3.3.2.1	220kV线路全线速动保护双重化配置	10	查图纸资料、现场检查	不符合要求不得分	
3.3.2.2	220kV变压器、高抗器保护按双重化配置	10	查图纸资料、现场检查	不符合要求不得分	
3.3.2.3	220kV母线保护双重化配置	10	查图纸资料、现场检查	不符合要求不得分	
3.3.2.4	两套保护均独立、完整，之间没有任何电气联系，互不影响，两套保护应装置在各自保护柜内	10	查图纸资料、现场检查	不符合要求不得分	
3.3.2.5	两套主保护电压回路分别接入电压互感器的不同二次绕组	10	查图纸资料、现场检查	不符合要求不得分	
3.3.2.6	两套主保护电流回路分别取自电流互感器互相独立的绕组	10	查图纸资料、现场检查	不符合要求不得分	
3.3.2.7	两套主保护的直流电源分别取自不同蓄电池组供电的直流母线段	10	查图纸资料、现场检查	不符合要求不得分	

续表

序号	评价项目	标准分/分	评价方法	评分标准及方法	评价依据
3.3.2.8	两套主保护的跳闸回路应与断路器的两个跳闸线圈分别一一对应	10	查图纸资料、现场检查	不符合要求不得分	
3.3.2.9	两套主保护应配置两套独立的通信设备，两套通信设备应分别使用独立的电源	10	查图纸资料、现场检查	不符合要求不得分	
3.3.2.10	220kV断路器必须具有双跳闸线圈并配置断路器本体三相位置不一致保护	10	查图纸资料、现场检查	不符合要求不得分	
3.3.3	二次回路与抗干扰等电位接地网铜排（缆）的敷设符合规定，确保接地电阻不大于0.5Ω	70			
3.3.3.1	主控室、保护室、敷设二次电缆的沟道、开关场的接地端子箱及结合滤波器等处，使用截面不小于$100mm^2$的铜排（缆）敷设与主接地网紧密连接	10	现场检查	不符合要求不得分	
3.3.3.2	在主控室保护室下的电缆室内敷设$100mm^2$铜排（缆），形成等电位接地网且用不少于四根截面不小于$50mm^2$铜排与主接地网可靠连接	10	现场检查	不符合要求不得分	
3.3.3.3	保护和控制屏柜下部应有截面不小于$100mm^2$的接地铜排，与等电位地网相连，屏柜上装置的接地端子用截面不小于$4mm^2$的多股线与铜排相连	10	现场检查	不符合要求不得分	
3.3.3.4	沿二次电缆沟道敷设截面不小于$100mm^2$的铜排（缆），构建室外等电位接地网	10	现场检查	不符合要求不得分	

续表

序号	评价项目	标准分/分	评价方法	评分标准及方法	评价依据
3.3.3.5	分散布置的保护就地站，通信室与集控室之间，应使用截面不小于 $100mm^2$ 的铜排（缆）与主接地网紧密连接	10	现场检查	不符合要求不得分	
3.3.3.6	保护及相关二次回路和高频收发信机等的电缆屏蔽层应使用截面不小于 $4mm^2$ 多股软铜线与铜排紧密相连	10	现场检查	不符合要求不得分	
3.3.3.7	微机保护所有二次回路电缆均应使用屏蔽电缆	10	现场检查	不符合要求不得分	
3.3.4	反措管理	50			
3.3.4.1	反措项目的设备底数清楚；建立反措项目管理台账	10	查阅反措项目设备资料和管理台账	设备底数不清，未建立反措项目管理台账，或管理不善扣5分；未开展反措项目设备清理不得分	
3.3.4.2	已制订贯彻落实上级反措文件的长期规划和年度实施计划	10	查阅反措施落实规划和年度实施计划	规划和计划不完整、不规范扣5分；既无长期规划，又无年度实施计划不得分	
3.3.4.3	年度实施计划已按期完成	10	现场检查	未按时完成计划项目，每项扣2分	
3.3.4.4	上级通报文件下达并限期完成的补充反措项目已按时完成	10	现场检查	未按时完成补充反措项目，每项扣2分	
3.3.4.5	已制订本单位防止继电保护“三误”（误碰、误接线、误整定）事故的反事故措施	10	查阅本单位防“三误”事故措施文件，并抽查执行情况	措施内容不完备或执行不严格扣3分；评价期内发生过保护“三误”事故不得分并加扣20分，未制订本单位防止保护“三误”事故措施文件不得分	

续表

序号	评 价 项 目	标准分/分	评价方法	评分标准及方法	评价依据
3.3.5	保护装置的定期检验	100			
3.3.5.1	按定检周期编制多年定检滚动计划（包括新装置一年后的全面检验，正常运行的全面检验、部分检验）	10	查阅计划	无滚动计划不得分，执行不力扣5分	
3.3.5.2	根据滚动计划编制保护年度定检计划；计划项目完整规范	10	查阅保护定检计划	计划不完整、不规范扣2～5分；无滚动计划无年度定检计划不得分	
3.3.5.3	按时完成保护定检计划；主系统主保护无超周期未定检的情况	20	查阅检验计划完成情况统计资料，抽查检验报告	未按时完成定检计划每次扣5分；主系统主保护超周期未定检每次扣10分	
3.3.5.4	专业班组具备上级颁发的主系统复杂保护装置检验规程，或参照厂家调试大纲编制并经审核批准的本单位检验规程	10	查阅有关规程	任一种复杂保护装置无上级颁发的检验规程或符合要求的本单位检验规程（条例），扣2分	
3.3.5.5	检验报告书的格式规范；检验项目齐全；检验结果正确；记录完整	10	按全部检验和部分检验，分别抽查各类保护检验报告书	检验报告书不规范但检验项目齐全扣2～3分；检验项目不齐全扣5分；检验结果不正确或记录不完整，扣2～4分	
3.3.5.6	试验仪表及设备合格、保管良好，及时检验，每1～2年对微机型继电保护试验装置进行一次全面检测	10	查阅校验记录资料，并作现场抽查	每发现一具仪表或设备不合格，扣2分；保管不善或未按期校验，扣5分	
3.3.5.7	非电量保护装置（气体、压力释放、压力突变、温度、冷却器全停等）列入了定检计划并严格执行	10	查定检计划检验报告	未列计划扣5分；未定检不得分	

续表

序号	评价项目	标准分/分	评价方法	评分标准及方法	评价依据
3.3.5.8	自动装置（自动重合闸，备自投装置、低频低压减载装置、连锁装置等）列入了定检计划并严格执行	10	查定检计划、检验报告	未列计划扣5分；未定检不得分	
3.3.5.9	检验人员持证上岗	10	查验证件	无证上岗每人扣5分	
3.3.6	新投入或更改设备、回路后，保护接线正确性的检验	40			
3.3.6.1	电压互感器的二次侧电压参数的检测及定相试验，数据齐全、正确	10	查阅检测及定相报告	检测和定相记录不全或记录格式不规范扣2～5分；发现任一台电压互感器未进行检测和定相不得分	
3.3.6.2	所有差动保护和方向性保护，按规定用负荷电流和工作电压检验保护回路接线及极性的正确性	20	查阅检验报告资料	检验报告书不规范、检验数据不齐全扣4～10分；任一套保护装置，未按规定进行接线正确性的检验，或检验结论有错误不得分	
3.3.6.3	对于星形接线的差动保护用电流互感器二次侧中性线回路，利用负荷电流检验其可靠性（实验$3I_0$回路不平衡电流为零值时，应使用模拟方法检验）并测电流变化	10	查阅有关电流检验记录	发现有一组互感器未做中性线电流检测扣5分	
3.3.7	需在运行中定期测试技术参数的保护（如高频保护），按规定进行测试；测试记录规范，测试数据和信号灯指示齐全、正确，测试发现异常时及时报告	10	查阅现场测试记录	测试记录不规范或数据和信号灯指示不齐全、不正确，每套扣2分；如发现任一套保护应测未测，或测试结果有严重问题，又未分析处理不得分	

续表

序号	评价项目	标准分/分	评价方法	评分标准及方法	评价依据
3.3.8	故障录波测距装置按调度部门的要求，将变压器各测电流信息录波量（模拟量和开关量）全部接入并正常投入，运行工况良好	10	查阅装置检验报告、故障录波分析报告，并作现场检查	装置运行工况不良或录波量未按要求全部接入扣3分；发现任一套装置未正常投入扣5分	
3.3.9	低频减载装置和保障系统稳定的安全自动装置，按调度部门要求，全部正常投入运行	10	查阅有关整定文件和装置检验报告及投运记录，并作现场检查	任一套装置未按要求投入运行扣2分	
3.3.10	断路器失灵保护的接线，直流电源整定动作开关应满足规程要求	10	查保护资料	不满足要求每处扣2分	
3.3.11	对于各种微机保护及保护信息管理机等设备软件版本的管理工作规范；抗干扰措施完备；未经主管部门认可的软件版本不得投入运行；开关电源模件满5年后应及时更换	10	查阅有关设备软件版本的记录资料	无软件版本管理记录资料不得分；管理工作不规范扣2～5分	
3.3.12	对于高压线路阻波器、结合滤波器等高频通道设备的检修试验，建立完善的管理制度并认真执行	10	查阅有关管理制度和检修试验记录	无检修试验管理制度或从未进行过定期检修试验不得分；管理制度不完善或执行不认真扣2～5分	
3.3.13	线路纵联保护使用由通信专业管理的复用通道，定期进行了检验，建立了规范的运行管理制度并认真执行	10	查阅复用通道运行管理制度和执行记录	无复用通道运行管理制度不得分；管理制度不规范或执行不认真，扣2～5分	

续表

序号	评价项目	标准分/分	评价方法	评分标准及方法	评价依据
3.3.14	继电保护机构根据有关部门提供的设备参数和运行方式资料，编制继电保护及自动装置整定方案，且审批手续符合要求；遇有运行方式较大变化或重要设备变更及时修订整定方案，并全面落实；每年进行一次整定方案校核和补充	20	查阅整定方案文件及有关整定计算资料	整定方案文件不全、不规范每处扣2分；审批手续不符合要求扣5分；当重要设备变更及运行方式较大变化时未及时修订整定方案扣5～8分；未进行整定方案的年度校核和补充，扣10分；无正式整定方案不得分	
3.3.15	继电保护定值的变更，应认真执行定值通知单制度；定值通知单的签发、审核和批准符合规定，且按规定期限执行完毕；每年进行一次整定值的全面核对，每4～6年进行一次整定方案和定值校核计算	20	查阅定值通知单、定值表和有关检验报告，抽查各类保护定值	每年未全面核对定值扣10分；保护定值与实际不符每处扣5分；定值通知单的签发、审批和批准不符合规定，或未按规定期限执行完毕，每例扣2分；未执行定值通知单制度不得分	
3.3.16	加强继电保护维护和检验管理工作，编制有继电保护标准化作业指导书，经批准执行	10	查指导书	无指导书不得分，不齐全、不规范扣2～5分	
3.3.17	专业班组和变电站具有符合实际的保护、控制及信号回路的原理展开图和端子排接线图（或安装接线图）、检验报告；专业班组应有相关制度	20	查阅专业班组和变电站有关二次回路图纸	图纸不齐全、不规范或不符合实际每处扣2～5分；缺少主系统保护的展开图，每张扣3分；主要制度欠缺扣5分	

续表

序号	评价项目	标准分/分	评价方法	评分标准及方法	评价依据
3.3.18	保护屏上的继电器、连接片、试验端子、熔断器、指示灯、端子排和各种小开关的状况，符合要求，名称编号标志齐全、清晰；保护屏前、后名称编号标志正确	20	现场检查	发现任一面保护屏的有关标志不符合要求，或屏上元件的状况不符合安全要求扣2分	
3.3.19	室外端子箱、接线盒的防尘、防潮措施完善；气体继电器顶盖已加装防雨罩或其他防雨措施	20	现场检查	发现保护用端子箱、接线盒的防尘、防潮密封措施不完善，或气体继电器顶盖未加防雨罩（其他防雨措施），每例扣3分	
3.3.20	现场及继电保护专业班组的保护定值管理、保护装置异常（缺陷）、保护的投入和退出以及动作情况的有关记录齐全；内容完善规范	20	查阅变电站及专业班组的有关记录	记录不齐全，内容不完整、不规范，或填写不认真每处扣2分	
3.3.21	继电保护及自动装置动作情况	110			
3.3.21.1	最近一个年度的继电保护正确动作率达到上级要求	20	查阅保护动作统计分析资料	全部保护、220kV主系统保护分别评价，与上级要求比较每降低一个百分点扣4分	
3.3.21.2	最近一个年度220kV故障录波完好率达到上级要求	10	查阅故障录波统计分析资料	与上级要求比较每降低一个百分点扣2分	
3.3.21.3	不存在原因不明的继电保护不正确动作（只评价66kV及以上主系统保护）	20	查阅保护动作统计分析资料	评价期内存在原因不明继电保护不正确动作不得分；如为220kV主系统保护，发生一次加扣10分	

续表

序号	评　价　项　目	标准分/分	评价方法	评分标准及方法	评价依据
3.3.21.4	无由于继电保护的不正确动作造成或扩大电网事故	20	查阅保护动作统计和事故分析资料	评价期内，由于继电保护的不正确动作造成或扩大电网事故不得分；如为220kV电网的严重事故，一次加扣20分	
3.3.21.5	有防“三误”（误碰、误接线、误整定）措施，不存在因人员“三误”造成的继电保护不正确动作	20	查阅保护动作统计和事故分析资料	无防“三误”措施不得分，评价期内存在人员“三误”造成的保护不正确动作不得分；如为220kV主系统保护，发生一次加扣20分	
3.3.21.6	发生继电保护装置不正确动作后，认真进行分析，按照“四不放过”的原则，制订了有效的防范措施	20	查事故报告	未认真分析不得分，未制订防范措施不得分，防范措施不具体扣5～10分	
3.3.22	有完善的继电保护监督制度并认真执行	10	查制度	无制度不得分，执行不力扣5～8分	
3.4	**通信**	**500**			国家能源局《防止电力生产事故的二十五项重点要求》
3.4.1	通信网结构装置	60			
3.4.1.1	制订了满足电网发展规划需求的地区通信网发展规划，逐年滚动修编	10	查阅资料	未指定不得分；未逐年滚动修编扣5分	
3.4.1.2	220kV变电站、集控系统的110kV变电站和直属区、县局的光纤或数字微波电路覆盖率达到100％	10	检查通信方式图	覆盖率在80％以下不得分，达不到100％扣5分	

续表

序号	评价项目	标准分/分	评价方法	评分标准及方法	评价依据
3.4.1.3	调度所与其有调度关系的重要电厂、220kV变电站(所)之间有两条通信路由	20	检查通信方式图	有一处不符合要求扣5分	
3.4.1.4	调度所及同一条线路两套保护均为复用通道设备的通信站配置两组独立的直流电源分开供电；且单独配置一套检修和事故备用的可车载的机动直流电源	10	查阅资料，现场抽查	无两组独立电源不得分，无车载直流电源扣3分	《微波电路传输继电保护信息设计技术规定》DL/T 5062
3.4.1.5	建立了稳定可靠运行的通信网监测及管理系统，实现对重要通信站运行情况的监测和管理。监测中心站24h有人值班。各种声光告警信号接到有人值班的地方	10	现场检查	未建立通信监测系统不得分；重要通信站和重要告警信号未接入或运行不稳定、不可靠扣3分；声光告警信号未接到24h有人值班的地方的不得分	
3.4.2	技术状况	80			
3.4.2.1	未发生由于通信电路和设备故障，影响发供电设备的运行操作和电力调度或复用保护投运	20	查阅记录	造成同一条电力线路的两条复用通道保护同时退出运行的一次扣10分；影响运行设备操作或调度不得分；评价期内发生一起通信事故，造成延误送电或扩大事故，不得分并加扣30分	
3.4.2.2	所辖通信设备、电路月运行率达到所在电网和本地区制订的考核指标	10	查电网通信月报，地区查各项指标统计的原始资料和统计方法	评价期内任一项月考核指标不合格扣2分；年均运行率任一项指标每降低0.01扣分1分	

续表

序号	评价项目	标准分/分	评价方法	评分标准及方法	评价依据
3.4.2.3	复用保护通道的主要技术指标符合有关规程要求	20	现场检查和查阅测试记录	有一条通道不符合要求扣5分	《微波电路传输继电保护信息设计技术规定》DL/T 5062
3.4.2.4	复用远动通道的主要技术指标符合有关规程要求	10	现场检查，查阅测试记录	有一条通道不符合要求扣2分	《微波电路传输继电保护信息设计技术规定》DL/T 5062
3.4.2.5	通信电缆每个气闭段气压保持在规定范围；充气机完好	10	现场检查和测试记录	有一处不符合要求扣2分	
3.4.2.6	调度通信系统运行稳定可靠，调度台或电话分机配置有应急备用措施。调度录音系统运行可靠，音质良好	10	现场检查，听录音	有一处不符合要求扣3分	
3.4.3	运行管理	100			《电力通信运行管理规程》DL/T 544 《电力系统微波通信运行管理规程》DL/T 545 《电力线载波通信运行管理规程》DL/T 546 《电力系统光纤通信运行管理规程》DL/T 547

续表

序号	评价项目	标准分/分	评价方法	评分标准及方法	评价依据
3.4.3.1	建立健全了通信调度机构，实行了24h有人值班制度。通信调度的职责明确；值班人员掌握系统电路的运行情况，能指挥处理通信运行中发生的故障。通信运行方式、值班记录运行资料齐全	20	现场检查	未建立通信调度机构不得分；职责不明确或未实行24h有人值班制度扣10分；值班员未达到要求扣8分；值班记录、运行资料不全或不符合要求扣6分	
3.4.3.2	每年春（冬）季安全大检查和专项安全大检查活动中，对查出的问题有整改计划并按期整改，有总结	10	检查记录	未开展安全大检查不得分；未进行整改的每项扣2分；无总结扣5分	
3.4.3.3	定期召开安全分析会。对通信事故或重大障碍进行了调查分析和制定了安全技术措施，措施落实。事故报告及时、准确、完整	10	现场检查资料记录	无安全分析会记录扣3分；对通信事故或重大障碍无分析和安全技术措施扣2～5分；事故报告不规范扣2～5分	
3.4.3.4	设备缺陷管理制度健全，缺陷记录清晰、完整，能及时消除缺陷	20	查阅资料和消缺记录	制度不健全扣5分，消缺不及时每例扣1分，消缺每差一项扣2分，有严重以上缺陷未消除不得分	
3.4.3.5	对所辖通信站设备（含电源）及通信线路（光缆、电缆、微波、电力载波）有定期巡视检测的管理制度，按规定进行定期巡视检测；按计划对复用保护设备、电路进行了年检	20	查阅资料、现场检查	没有管理制度扣5分；有一处未按规定检测或无记录的，扣2～5分；年检周期无故延长一次扣5分	
3.4.3.6	按规定配备了必要的测试仪器、仪表和附件、测试仪器、仪表完好、准确	10	现场检查	任一项不符合要求扣2分	

续表

序号	评价项目	标准分/分	评价方法	评分标准及方法	评价依据
3.4.3.7	建立健全了通信设备备品、备件管理制度，有备品、备件清册，且账实相符	10	查阅资料和现场检查	无管理制度扣3分；无清册扣5分；账实不符扣2～3分；主要设备的备盘未及时修复和补充的一项扣3分	
3.4.4	设备维护	30			《电力通信运行管理规程》DL/T 544 《电力系统微波通信运行管理规程》DL/T 545 《电力线载波通信运行管理规程》DL/T 546 《电力系统光纤通信运行管理规程》DL/T 547
3.4.4.1	定期对微波收、发信电平进行测试，储备电平符合设计要求	10	现场检查，查阅测试记录	无定期测试记录、参数变化无分析和未采取措施不得分；有一项不符合要求扣3分	
3.4.4.2	定期进行光端机的光发送机的平均发送光功率的测试，光接收机的灵敏度及动态范围符合传输系统设计或设备供货合同规定；光缆中未运行纤芯完好、可用	10	现场检查和查阅测试记录	无定期测试记录、参数变化无分析和未采取措施不得分；有一项不符合要求扣3分	
3.4.4.3	定期进行电力载波收、发信电平及音频净衰耗的测试；测试结果与装机时参数无明显变化、符合设计要求	10	现场检查和查阅测试记录	无定期测试记录、参数变化无分析和未采取措施不得分；有一项不符合要求扣2分	

续表

序号	评价项目	标准分/分	评价方法	评分标准及方法	评价依据
3.4.5	通信电源系统	60			《蓄电池直流电源装置运行与维护技术规程》DL/T 724
3.4.5.1	设在调度所、变电站、开关站及装有复用继电保护、安全自动装置设备的通信站，装设有通信专用不停电电源。交流电源不可靠的地方，除增加蓄电池容量外，配备有其他供电方式或备用电源（如：太阳能电源或汽、柴油发电机等）	10	检查资料，现场抽查	有一处不符合要求扣2分；通信电源不稳定可靠的不得分	
3.4.5.2	定期对蓄电池进行充放电试验，试验容量达到规定要求、充放电试验方法规范。有蓄电池的缺陷记录，有整改措施、措施落实	20	查阅资料，试验记录，并现场检查	有一处未定期进行核对性容量放电试验或放电容量达不到规定扣5分；未按规定进行均衡充电扣5分；充放电试验方法不规范扣2分；蓄电池无缺陷记录扣5分；无整改措施或措施不落实每处扣3分	
3.4.5.3	充电装置按规定维护周期进行性能和功能的检查试验，运行工况正常；交流备用电源能自动投入	10	查阅试验记录，现场检查	有一处未按规定维护周期检查试验扣2分；运行工况有一项不合格扣2分；交流电源自投试验不成功扣5分	
3.4.5.4	所有电信设备供电电源全部为独立的分路开关或熔断器，为主网同一线路提供两套保护复用通道的通信设备（含接口），由两个相互独立的通信直流电源分别供电	10	现场检查	有一台设备的供电电源开关未独立扣2分	

续表

序号	评价项目	标准分/分	评价方法	评分标准及方法	评价依据
3.4.5.5	专业班组和运行现场，具备符合实际的通信电源系统接线图和操作说明	10	现场检查	没有系统接线图或操作说明不得分；系统接线图或操作说明不规范、不符合实际，每处扣2分	
3.4.6	通信站防雷	70			《电力系统通信站防雷运行管理规程》DL/T 548
3.4.6.1	通信机房内所有设备的金属外壳，金属框架，各种电缆的金属外皮以及其他金属构件，均良好接地；通信设备的保护地线符合防雷规程的规定；通信站机房有接地布放图、引入接地点对应外墙下有“接地点引入”标志	10	现场检查	有一处未接地扣5分；有一处接地线截面积不合格或施工工艺不规范扣2分；无机房接地线布放图或无接地点引入标志扣2分	
3.4.6.2	室外通信电缆、电力电缆、塔灯电缆以及其他电缆进入通信机房前已经水平直埋10m以上（深度＞0.6m）；若为电缆沟则应用屏蔽电缆，且电缆屏蔽层两端接地；非屏蔽电缆应穿镀锌铁管（长度＞10m），铁管两端接地；非屏蔽塔灯电缆应穿金属管，金属管两端与塔身连接；微波馈线电缆在塔上部、中部（进机房前）和塔身可靠连接	10	现场检查，查阅资料	每一处不符合要求扣2分	
3.4.6.3	进入机房的通信电缆首先接入保安配线架（箱），保安配线架（箱）性能和接地良好；引至调度所和变电站外的通信电缆空线对应接地	10	现场检查	有一处不符合要求扣2～5分	

续表

序号	评价项目	标准分/分	评价方法	评分标准及方法	评价依据
3.4.6.4	通信机房配电屏或整流器入端三相对地装有防雷装置且性能良好	10	现场检查	未装防雷装置不得分，防雷装置有缺陷扣2～5分	
3.4.6.5	通信直流电源“正极”在电源设备侧和通信设备侧有良好接地；“负极”在电源机房侧和通信机房直流配电屏（箱）内接有压敏电阻	10	现场检查	有一处正极接地不符合要求不得分；负极未接压敏电阻扣5分	
3.4.6.6	通信站防雷接地网、室内均压网、屏蔽网等施工材料、规格及施工工艺符合要求；焊接点进行防腐处理，接地系统隐蔽工程设计资料、记录及重点部位照片齐全	10	现场检查，查阅资料	新站有一项不合格扣2分；老站有一项不合格扣1分	《交流电气装置的接地设计规范》GB/T 50065
3.4.6.7	每年雷雨季节前对通信站接地设施进行检查和维护，通信机房和微波塔的接地电阻符合要求，有定期测试报告	10	现场检查，查阅资料、记录	有一处不符合要求（视有无分析和措施）扣2～5分；无定期测试报告不得分	
3.4.7	保安措施	50			
3.4.7.1	通信机房（含电源机房和蓄电池室）有良好的保护环境控制设施，防止灰尘和不良气体侵入；全年室温能否保持在15～30℃	10	现场检查	有一处不符合要求扣2～4分；机房环境存在严重问题不得分，室温超出规定范围扣5分	
3.4.7.2	通信机房（含电源机房和蓄电池室）有可靠的工作照明和事故照明	10	检查试验	有一处不符合要求扣2分	
3.4.7.3	通信机房（含电缆竖井）具备防火、防小动物侵入的安全措施	10	现场检查	有一处不符合要求扣5分	
3.4.7.4	通信（含电源）设备机架牢固固定，有可靠的防震措施	10	现场检查	有一处机架未固定扣5分；未按要求固定扣2分	

续表

序号	评价项目	标准分/分	评价方法	评分标准及方法	评价依据
3.4.7.5	通信设备及主要辅助设备名称、编号标志准确、齐全、清晰；复用保护的设备、部件和接线端子采用有别于其他设备的显著标志牌，并注明复用保护线路名称和类型	10	现场抽查	设备标志不符合要求每处扣2分	
3.4.8	专业管理及技术资料	50			
3.4.8.1	地区通信网的发展规划、工程建设和安全生产由供电公司职能部门归口管理；通信专业、继电保护、调度自动化、变电等专业之间有明确的联系制度和分工界面	10	查阅文件，规章制度及现场调查询问	归口管理不明确扣5分；无联系制度扣5分，分工界面不明确扣8分	
3.4.8.2	依据上级颁发的制度和反措文件；结合本单位实际，制订了通信现场的规章、制度	10	查阅文件、资料	无本单位现场规程制度扣5分	
3.4.8.3	有本单位通信站运行值班日记，有设备定期巡检、测试、年检、消缺以及设备、备品备件、仪表台账等记录本、表格并认真填写	10	查阅资料、记录	差一种扣5分，记录不规范每处扣1分	
3.4.8.4	下列技术资料齐全规范： 1. 设备说明书、图纸 2. 通信系统接线图资料 3. 电源系统接线图及操作说明 4. 配线表 5. 检修测试记录 6. 设备竣工验收资料 有通信专业的年度培训计划并组织实施；对新投产的设备组织了针对维护人员的技术培训	20	查阅培训计划和记录	资料不全、有错每种扣5分，无年度培训计划不得分；未按计划实施缺一项扣2分；有一项新设备投产未组织过培训扣5分	

续表

序号	评价项目	标准分/分	评价方法	评分标准及方法	评价依据
3.5	**集控站、无人值班变电站通信与自动化**	**170**			国家能源局《防止电力生产事故的二十五项重点要求》 《35kV～110kV无人值班变电所设计规程》DL/T 5103
3.5.1	集控站、无人值班变电站通信系统	90			
3.5.1.1	地调自动化中心至有人值班集控站具有主、备两条可用的远动通道，而且可自动或手动切换；集控至无人值班被控站间具有一条可靠的且符合技术要求的远动通道，另设一条备用通道	20	查阅资料，现场检查	地调至集控站间通道不符合要求不得分；集控站至被控站通道有一处不符合要求扣5分	
3.5.1.2	集控系统远动通道组织和通信方式选择满足远动信息传输速率及四遥监控技术要求	10	查阅集控系统运行记录、设计文件	有一条技术指标不合格扣5分	
3.5.1.3	通信设备有可靠的事故备用电源；当交流中断时，通讯专用蓄电池单独供电时间能保持4h	10	查阅蓄电池维护记录，现场检查	集控站有一项不符合要求不得分；被控站有一处不符合要求扣2分	
3.5.1.4	通信站防雷、设备的保护接地和过电压保护措施符合《电力系统通信站防雷运行管理规程》(DL/T 548)的有关规定	10	现场抽查，查阅设计资料	有一处不符合要求扣2分	

续表

序号	评价项目	标准分/分	评价方法	评分标准及方法	评价依据
3.5.1.5	有针对无人值班变电站集控系统有关“远动通道”的管理规定，规定明确了通信专业部门在无人值班变电站集控系统规划设计、工程建设和运行维护整个过程的职责；规定了通信与调度自动化、变电等专业及相关职能部门之间的分工界面和联系制度	20	查阅资料	没有“规定”或未明确通信专业职责的不得分；分工界面、联系制度不明确或不全面扣5～10分	
3.5.1.6	无人值班站的审批手续完备。无人值班站同时具备以下基本条件： 1. 设备运行稳定，故障率低，设备电源可靠并能自动投入 2. 防火、防小动物、防振等安全措施完备 3. 具备完善的站内监测系统，监测信息和声光报警能稳定可靠地传送至管理中心站 4. 负责该站维护工作的通信部门应具有定期检测、巡视、排除故障的技术措施和技术保障	20	现场检查	任一条件不具备扣5～10分，无审批手续不得分	
3.5.2	集控站、无人值班变电站远动化系统	80			
3.5.2.1	远动设备（RTU）或变电站自动化系统通过国家电力公司电力设备及仪表质检中心检验合格产品；到集控站具备两路独立的远动通道（主/备双通道）。主备通道能手动切换或自动切换	10	现场检查	未经检验，或检验不合格，而且没有整改措施不得分；没有备用通道扣5分；不能切换扣5分	

续表

序号	评价项目	标准分/分	评价方法	评分标准及方法	评价依据
3.5.2.2	设备安放牢固，外壳接地良好，设备底部密封。接地线应从接地网直接引入	10	现场检查	设备不固定或固定不牢固不得分；外壳接地接触不良扣5分；仅靠基础槽钢接地扣5分	
3.5.2.3	接入远动设备的信号电缆应采用抗干扰的屏蔽电缆。屏蔽层（线）应接地	10	现场检查	不采用屏蔽电缆扣5分；屏蔽层不接地扣5分	
3.5.2.4	远动设备与通信设备通信线路之间加装防雷（强）电击装置	10	现场检查	不加装防雷装置不得分	
3.5.2.5	对于远动设备或变电站自动化系统应提供稳定可靠的供电电源。应配备专业的不间断电源（UPS）或采用站内直流电源。采用UPS时，当交流电源消失后，支持供电时间不少于1h。同时，应根据厂家说明书定期进行放电/再充电试验，并有记录	15	现场检查。检查试验记录	不配备UPS或站内直流电源不得分；UPS支持时间少于1h扣5分	
3.5.2.6	接入远动设备（RTU）或自动化系统的信息应能满足电网调度要求。此外，根据无人值班运行特点还应接入全站事故总信号、继电保护动作信号、UPS故障信号、火警信号等	15	检查信息顺序表	不满足要求扣10分，信号接入差一种扣2分	
3.5.2.7	集控站值班人员应定期统计遥控正确动作率	10	检查记录	不统计扣5分；正确动作率达不到100%时，扣5分；误动且造成事故时不得分并加扣10分	

续表

序号	评　价　项　目	标准分/分	评价方法	评分标准及方法	评价依据
4	**变电设备运行**	**930**			
4.1	**专业规程标准**	**30**			
4.1.1	应配备的国家、行业颁发的规程标准： 1. 原国家电监会《电力二次系统安全防护规定》 2. 国家经贸委《电网与电厂计算机监控系统及调度数据网络安全防护规定》 3. 原国家电监会《电力二次系统安全防护总体方案》 4.《电业安全工作规程（发电厂和变电站电气部分）》GB 26860 5.《电力安全工作规程（电力线路部分）》GB 26859 6.《电力设备预防性试验规程》DL/T 596 7.《继电保护和安全自动装置技术规程》GB/T 14285 8.《蓄电池直流电源装置运行与维护技术规程》DL/T 724 9.《微机继电保护装置运行管理规程》DL/T 587 10.《电气装置安装工程接地装置施工及验收规范》GB 50169 11.《电力系统继电保护及安全自动装置运行评价规程》DL/T 623 12.《110kV 及以上送变电工程启动及竣工验收规程》DL/T 782	20	现场检查	差一项（最新版）扣 3 分，无清册扣 5 分	
4.1.2	梳理和识别，定期更新和发布	10	查相关文件	未定期更新扣 5 分，未定期发布扣 5 分	

续表

序号	评价项目	标准分/分	评价方法	评分标准及方法	评价依据
4.2	**运行管理**	**130**			
4.2.1	应建立的运行管理制度： 1.“两票”管理制度 2.设备巡视检查制度 3.交接班制度 4.设备定期试验轮换制度 5.防误闭锁装置管理制度 6.变电运行岗位责任制 7.运行分析制度 8.设备缺陷管理制度 9.设备验收制度 10.运行维护工作制度 11.变电站安全保卫制度 12.变电站培训制度 13.事故处理制度（预案）	20	现场检查	差一种扣2分	
4.2.2	应建立的记录： 1.运行记录 2.负荷记录 3.巡视记录 4.继电保护及自动装置检验记录 5.蓄电池测量记录 6.设备缺陷记录 7.避雷器动作检查记录 8.设备测温记录 9.解锁钥匙使用记录 10.设备检修记录 11.设备试验记录 12.断路器故障跳闸记录 13.收发信机测试记录 14.安全活动记录 15.自动化设备检验记录 16.反事故演习记录 17.培训记录 18.运行分析记录	20	现场检查	差一种扣2分，记录不全不清不实每种每次扣1～2分	
4.2.3	应具备的设备台账	10		差一种设备扣3分，有错漏扣2分，未每年审核扣2分	

续表

序号	评价项目	标准分/分	评价方法	评分标准及方法	评价依据
4.2.4	应具备的图纸： 1. 一次主接线图 2. 站用电主接线图 3. 直流系统图 4. 正常和事故照明接线图 5. 继电保护远动及自动装置原理和展开图 6. 全站平、断面图 7. 组合电器气隔图 8. 直埋电力电缆走向图 9. 接地装置布置及直击雷保护范围图 10. 消防设施（或系统）布置图（或系统图） 11. 地下隐蔽工程竣工图 12. 断路器、隔离开关操作控制回路图 13. 测量、信号、故障电波及监控回路布置图 14. 主设备保护配置图 15. 直流保护配置图	20	现场检查	差一种扣3分，有错漏每处扣2分，无图纸专柜扣2分，未每年对图纸审核扣5分，上级未同时存放1份扣5分	
4.2.5	应具备的技术资料： 1. 变电站设备说明书 2. 变电站工程竣工（交接）验收报告 3. 变电站设备修试报告 4. 变电站设备评价报告	15	现场检查	差一种扣5分，资料不全、不清、不实扣2～5分无保管制度、无专资料柜扣5分	
4.2.6	应具备的指示图表： 1. 一次系统模拟图 2. 站用电系统图 3. 直流系统图 4. 安全记录指示 5. 设备最小载流元件表 6. 运行维护定期工作表 7. 交直流保护配置一览表 8. 设备检修试验周期一览表 9. GIS设备气隔图	15	现场检查	差一种扣3分，图表不全、不清、不实每处扣2分，未每年修订扣5分	

续表

序号	评价项目	标准分/分	评价方法	评分标准及方法	评价依据
4.2.7	应配备本单位、本站反事故措施和各级调度规程（根据调度关系）	10	现场检查	每差一种扣5分	
4.2.8	有经批准的典型操作票符合实际，每年进行一次全面审查修订	15	现场检查	差一种扣2分，未经审批每种扣2分，未年度审核扣6分	
4.2.9	值班人员汇报工作规范	5	现场检查	无汇报不得分，有错漏扣3分	
4.3	**现场运行规程**	**90**			
4.3.1	内容全面，具体；编写规范，可操作性强	20	查规程文本	有较大遗漏每处扣5分	
4.3.2	有编写、审核、批准人名单，有发布实施现场运行规程的通知文件	10	查规程文本	无名单不得分，无通知文件扣5分	
4.3.3	及时修订，复查现场规程： 1. 上级发布新的规程和反措、设备系统变动时及时补充修订 2. 每年应对现场运规进行一次复查、修订、不需修订的，也应出具经复查人、审核人、批准人签名的“可以继续执行”的书面文件 3. 现场运行规程应每3～5年进行一次全面修订，审定印发 4. 现场运行规程的补充修订，应严格履行手续并通知规程操作人等人员	20	查审批手续	未执行每条扣10分	
4.3.4	新规程发布实施期间组织运行人员和相关管理人员集中学习，实施前组织考试，考试合格人员上岗运行	10	查考试记录	未考试不得分，不及格未补考1人扣5分	
4.3.5	单位每年组织一次运行规程考试	10	查考试记录	未考试不得分，不及格未补考1人扣5分	

续表

序号	评　价　项　目	标准分/分	评价方法	评分标准及方法	评价依据
4.3.6	变电站每季度组织一次运行规程考试	10	查考试记录	未考试不得分，不及格未补考1人扣5分	
4.3.7	新上岗、新调入人员上岗前应进行运行规程学习考试	10	查考试记录	未考试不得分，不及格未补考1人扣5分	
4.4	**设备巡视检查**	**80**	检查制度文本		国家能源局《防止电力生产事故的二十五项重点要求》
4.4.1	有设备巡视检查制度	10	检查文本，现场检查	无制度不得分，制度有较大不足扣5分	
4.4.2	有经批准的巡视作业指导书并严格执行	10	现场检查核对记录	无指导书不得分，提导书无批准手续扣8分，执行不到位每次扣2分	
4.4.3	正常巡视（含交接班巡视）的时间次数，巡视线路、内容有明确的规定并严格执行	20	现场检查核对记录	规定不明确每处扣5分，执行不到位每次扣5分	
4.4.4	全面巡视，在正常设备巡视的基础上增加防火、防小动物、防误闭锁，安全工器具、接地装置，防盗的检查，每周一次	10	现场检查核对记录	无每周一次的全面巡视不得分，巡视不到位每处扣2分	
4.4.5	夜间熄灯巡视，主要检查有无电晕放电，接头有无过热，每周一次	10	现场检查核对记录	无每周一次的熄灯巡视不得分	
4.4.6	特殊巡视	10	现场检查核对记录	应巡未巡一次扣5分	
4.4.7	巡视记录和作业指导书记录填写应清晰，具体，发现异常情况值长应及时核实，按缺陷管理制度的要求汇报和记录	10	现场检查核对记录	填写不规范每处扣2分，未签名每次扣2分，发现问题未及时登录缺陷记录每处扣5分	

续表

序号	评价项目	标准分/分	评价方法	评分标准及方法	评价依据
4.5	**设备缺陷管理**	**100**			
4.5.1	有设备缺陷管理制度。制度中对设备缺陷类别的划分，缺陷的登录，汇报、处理、验收缺陷报表，消缺率的统计考核都作出了明确的规定	20	检查制度文本	无制度不得分，制度有较大不足每处扣5分	
4.5.2	有各种设备危急，严重缺陷的分类标准	10	查缺陷分类状况	无标准不得分，有较大不足扣5分	
4.5.3	缺陷记录清晰，完整	10	查缺陷记录	记录不规范每处扣1分，严重危急缺陷加扣2分，无分类扣1分	
4.5.4	缺陷处理单填写清晰具体，有验收签字	10	查缺陷处理记录	不清晰具体每张扣2分，无验收签字每张扣5分	
4.5.5	缺陷月报表填报规范	10	查报表	不规范每处扣2分	
4.5.6	缺陷处理及时，未发生因处理不及时造成缺陷升级或发展成事故情况	20	查缺陷记录，查事故分析	不及时每次扣2分，严重危急缺陷加扣4分，因不及时造成升级不得分，造成事故加扣20分	
4.5.7	安全大检查，设备评价及安评发现的问题纳入了缺陷管理，整改计划能按期完成	10	查缺陷记录，查整改计划完成情况	检查或评价发现问题未记入缺陷的不得分，整改不能如期完成且无充足理由的每次扣2～5分	
4.5.8	有缺陷原因分析，有缺陷不能及时处理的安全措施	10	查缺陷记录及运行资料	无分析每次扣1分，无措施每次扣2分，严重危急缺陷加扣3分	

续表

序号	评　价　项　目	标准分/分	评价方法	评分标准及方法	评价依据
4.6	**培训工作**	**100**			
4.6.1	单位组织的年度安全工作考试合格	20	查考试资料	有1人未考或考试不及格且未补考不得分	
4.6.2	紧急救护法培训模拟人操作合格	10	查培训考试资料	有1人未培训操作扣5分	
4.6.3	单位组织的年度运行规程考试合格	10	查培训考试资料	有1人未考或不及格，未补考扣5分	
4.6.4	参加单位组织每年一次的消防培训，两年一次的典型消防规程考试合格	10	查培训考试资料	未培训不得分，未考试扣5分	
4.6.5	运行值班人员经防误闭锁培训做到“四懂三会”（懂防误装置原理、性能、结构和操作程序；会操作、消缺、维护）	10	查培训考试资料	有1人未培训扣5分	
4.6.6	值长、值班员等有权进行调度联系的人员，应经过相关调度机构的培训考试合格，取得培训证件并经年度审验	10	查通知文件，查证件	无名单通知的扣5分，无证件1人扣5分，证件未年审1人扣2分	
4.6.7	变电站每季度进行一次规程考试	10	查考试资料	无考试不得分，不及格1人扣2分	
4.6.8	技术问答，每人每月至少一题	10	查记录	无问答不得分，差1人次扣2分	
4.6.9	值班人员，应定期进行仿真系统的培训	10	查培训资料证件	未培训不得分，差1人次扣2分	
4.7	**无人值班站的运行管理**	**100**			
4.7.1	有经批准的无人值班站管理制度	10	查制度文本	无制度不得分，批准手续不全扣5分	

续表

序号	评价项目	标准分/分	评价方法	评分标准及方法	评价依据
4.7.2	一次、二次设备满足无人值班站的要求，经过验收并正式批准为无人值班站	20	现场检查，查验收批准手续	不满足要求每处扣10分，未经验收批准不得分	
4.7.3	无人值班站“四遥”功能设置符合要求，功能可靠	10	现场检查	不符合要求不得分	
4.7.4	有安全保卫制度，安全保卫措施可靠，围墙高度不低于2.3 m，厚度大于0.24 m的实体围墙，钢板门	10	查制度，现场检查	措施不满足要求每处扣5分	
4.7.5	有值守人员岗位责任制且严格执行，有工作日志	20	查制度，查记录，现场检查	无责任制不得分，执行不严每次扣10分，工作日志记录不完整每次扣5分	
4.7.6	巡视检查制度落实记录规范	20	查记录	查评期少巡一次扣10分，记录不完整每次扣5分	
4.7.7	有现场运行规程，有相应的记录： 1. 继电保护及自动装置检验记录 2. 蓄电池检查记录 3. 避雷器动作检查记录 4. 设备试验记录 5. 设备检修记录 6. 解锁钥匙使用记录 7. 设备测温记录	10	现场检查	差一种扣2分	
4.8	**集控站的运行管理**	**105**			
4.8.1	有经批准的集控站运行管理制度	10	查制度	无制度不得分，批准手续不全扣5分	
4.8.2	所管辖的无人值班站自动化控制设备远动设备满足“四遥”（遥测、遥信、遥控、遥调）的要求，运行可靠并经过验收	20	查资料现场检查	功能不能满足要求每处扣5分，未经验收不得分	

续表

序号	评价项目	标准分/分	评价方法	评分标准及方法	评价依据
4.8.3	所管辖的无人值班站防火、防盗设施满足要求，有防火防盗自动报警或自动灭火设施和远程图像监控，运行可靠，并经过验收	20	查资料现场检查	功能不能满足要求每处扣10分，未经验收不得分	
4.8.4	有实用的微机变电运行管理系统，实现安全运行，档案资料、记录，“两票”管理，设备缺陷和巡视管理等微机化	15	查资料现场检查	功能不全每处扣5分，缺陷未及时消除扣5分	
4.8.5	制订有完善的钥匙管理办法，加强无人值班变电站房屋门锁管理	10	查资料现场检查	无管理办法不得分，执行不严每次扣5分	
4.8.6	监控应有如下记录： 1. 运行日志 2. 巡视记录 3. 设备缺陷记录 4. 安全活动记录 5. 反事故演习记录 6. 培训记录 7. 设备检修记录 8. 断路器故障跳闸记录 9. 无人值班站负荷记录	15	现场检查	每差一种扣2分记录不全不清、不实每处扣1～2分	
4.8.7	操作应有如下记录： 1. 运行日志 2. 设备巡视记录 3. 设备缺陷记录 4. 安全活动记录 5. 反事故演习记录 6. 培训记录	15	现场检查	每差一种扣3分，记录不全不清、不实每处扣1～2分	
4.9	**计算机监控系统**	**100**	查资料现场检查		国家能源局《防止电力生产事故的二十五项重点要求》
4.9.1	功能满足运行管理和调度自动化要求	20	查资料现场检查	差一项扣5分	

续表

序号	评 价 项 目	标准分/分	评价方法	评分标准及方法	评价依据
4.9.2	遥信通道满足调度数据传输要求	20	查验收手续查资料	不满足不得分	
4.9.3	监控系统与办公自动化系统网络方式互联时应经过认证的专用，可靠的安全隔离	20	查上年总结，现场检查	无验收批准手续不得分，隔离措施不符合要求不得分，无认证不得分	原电监会《电力二次系统安全防护规定》和《电力二次系统安全防护总体方案》
4.9.4	监控系统及网络连接、测控装置运行正常，运行指标达到规定要求	20	现场检查	各项措施降低0.1个百分点扣5分	
4.9.5	有操作注意事项及异常处理办法	10	查资料，查运行规程	无注意事项和处理办法不得分，未写进现场运行规程扣5分	
4.9.6	系统定期进行了检测，有检测报告	10	查检测报告	无检测不得分，无报告扣8分	
4.10	**安全保卫管理**	**95**			
4.10.1	有变电站安全保卫管理制度	10	查制度	无制度不得分，不健全执行不力扣2～5分	
4.10.2	设有警卫室和专职安全保卫人员应有明确的岗位责任制和安全保卫巡视制度	10	查制度，查记录	无制度不得分，不健全执行不力，无巡视记录扣2～5分	
4.10.3	变电站围墙应为高度不低于2.2m的实体围墙	10	现场检查	不符合要求扣5～10分	
4.10.4	变电站大门应是高度、宽度、强度符合设计规定的钢板门，钢板门上有小门供人进出，正常情况下大小门都应上锁	10	现场检查	不符合要求扣5分，门未上锁扣5分	

续表

序号	评　价　项　目	标准分/分	评价方法	评分标准及方法	评价依据
4.10.5	门外有“电力设施重点保护单位”和“消防重点单位”的标志和安全警示标志	10	现场检查	未按要求设置扣5～10分	
4.10.6	室内门窗完整，门向外开，通向室外门有不低于要求的挡板，配电室、控制室、保护室、通信室通风降温措施完善	10	现场检查	不符合要求扣5～10分	
4.10.7	站内土建设施列入全面巡视的内容	5	查资料	未巡视未记录扣5分	
4.10.8	站内有急救箱	15	现场检查	无急救箱不得分，药品过期扣5分	《电业安全工作规程（发电厂和变电站电气部分）》GB 26860
4.10.9	主控室有大门和围墙的监视画面	15	现场检查	不符合要求不得分	
5	**变电设备检修**	**500**			
5.1	**检修规程**	**50**			
5.1.1	内容全面，编写规范，依据安全规程、电建安规、检修规程（或检修导则）、出厂资料编制变电站设备检修规程	10	查阅资料	内容不全，有重大遗漏或有错误每处扣5分，严重错误不得分	
5.1.2	有编写、审核、批准人名单，有检修规程发布实施的通知文件	10	查阅资料	无名单不得分，无通知文件扣5分	
5.1.3	及时修订、复查检修规程并履行审批手续	20	查阅资料	未及时修订扣5分，未年度复查扣10分，修订复查审批手续不全扣5分	
5.1.4	单位组织每年一次对检修人员的检修规程考试	10	查阅资料	未组织考试不得分，不及格且未补考1人次扣2分	

续表

序号	评价项目	标准分/分	评价方法	评分标准及方法	评价依据
5.2	**持证修试**	**110**			
5.2.1	承装（修、试）单位必须持承装（修试）电力施工许可证，且类别等级符合所承担工作	20	查证件	无证件或证件类别等级不符合要求不得分	
5.2.2	外单位来检修工作的还必须持有效期内的工商营业执照	10	查证件	无证件或证件未年审不得分	
5.2.3	施工负责人（项目经理）必须持项目经理证	10	查证件	无证件不得分	
5.2.4	施工专职安全人员必经专门培训取证	10	查证件	无证件不得分	
5.2.5	特种作业人员、特重设备使用人员必须持证上岗	20	查证件	无证件不得分，证件未年审每人次扣5分	
5.2.6	大型施工机械，如起重设备必须有使用登记证、监督检验和定期检验合格证	10	查证件	无登记证扣5分，无合格证不得分	
5.2.7	工作负责人员名单提前报运行单位安监部门考核确认并下文字通知	10	查资料	不符合要求不得分	
5.2.8	运行单位安监部门对施工单位的资质进行审查并提出资质审查意见	20	查资料	未经年审不得分，资质审查资料欠缺一种扣5分，无审查意见扣10分	
5.3	**检修计划与检修合同**	**70**			
5.3.1	单位应有年度检修计划，更改大修项目应纳入更改、大修计划中	10	查检修计划	无计划不得分，计划项目、时间、费用等有不全的扣5分	
5.3.2	依据年度检修计划等编制的月度工作计划中有该项检修工作	10	查月度工作计划	未纳入月度工作计划的不得分	

续表

序号	评价项目	标准分/分	评价方法	评分标准及方法	评价依据
5.3.3	需要停电配合的要有调度下达的月度停电计划	10	查停电计划	应停电而无停电计划的不得分	
5.3.4	检修工作必须签订检修合同，检修合同中就检修工作的范围、质量、安全、进度、双方工作配合及费用作出明确规定	20	查检修合同	无合同不得分，合同内容不规范每处扣5分	
5.3.5	检修合同中必须有明细的安全条款，明确双方各自应承担的安全责任，安全条款经运行单位安监部门审查	20	查合同中安全条款	无安全条款不得分，安全条款中无甲方安全责任的不得分，有不合理条款扣10分	
5.4	**检修前的准备工作**	**70**			
5.4.1	检修要编制检修方案，并报运行单位批准，单项检修可执行经批准的检修作业指导书	10	查资料	无方案或作业指导书不得分，无批准手续不得分	
5.4.2	依据检修方案，检修单位应制订施工“三措”（即技术措施，安全措施，组织措施）并经运行单位生产、安监部门审批，同时报送停电计划由调度部门审批	10	查“三措”	无“三措”不得分，未审批不得分	
5.4.3	依据检修工作任务及现场情况开展危险点辨识和危险点控制措施的制定	20	查资料	无危险点辨识不得分，无危险点控制措施不得分，措施不具体无针对性扣10分	
5.4.4	进场作业人员的学习，主要学习电建安规施工验收规范、本次工作的施工方案、“三措”、危险点控制措施等	10	查资料	未学习不记分，无考试考核扣5分	
5.4.5	重大检修要编写事故应急救援预案并审批	10	查资料	无应急预案或未审批不得分	
5.4.6	办理开工手续	10	查资料	无开工手续不得分	

续表

序号	评价项目	标准分/分	评价方法	评分标准及方法	评价依据
5.5	**检修现场的安全工作**	**120**			
5.5.1	安全技术交底，开工前检修负责人要向有关人员进行安全技术交底，交底内容有文字记载并双方签字	15	查交底资料	无交底不得分，无双方签字不得分	
5.5.2	进场作业办理工作票手续	15	查票	无票不得分，票有重大不足扣10分	
5.5.3	工作负责人同工作成员办理安全施工作业票	15	查票	无票不得分，票有重大不足扣10分	
5.5.4	现场隔离措施，分固定隔离措施和临时隔离措施，电气连接部分必须有明显的断开点并做好防感应电措施。有条件的做到封闭施工，隔离措施每天开工前有专人检查	20	现场检查	无隔离措施不得分，措施有重大遗漏或错误扣15分	
5.5.5	现场安全保护措施的落实，并悬挂必要的警示牌、提示牌	10	现场检查	措施不落实不得分，缺必要的警示牌每处扣3分	
5.5.6	个人安全防护器具的配载	15	现场检查	有1人未配载扣10分	
5.5.7	现场施工电源的配置及安全管理	10	现场检查	施工电源不符合规定不得分	
5.5.8	现场施工机械的管理	10	现场检查	管理不到位每处扣5分	
5.5.9	现场安全监护制度落实	10	现场检查	监护人不在现场或失去监护不得分	
5.6	**验收工作**	**80**			
5.6.1	以运行管理为主制订验收方案	10	查资料	无方案不得分，方案不具体扣5分	

续表

序号	评　价　项　目	标准分/分	评价方法	评分标准及方法	评价依据
5.6.2	检修单位办理完自检及工作终结手续	10	查资料	未自检不得分，自检后未整改扣5分，无工作终结手续不得分	
5.6.3	成立验收小组，按施工验收规范的要求逐项验收，进行必要的试验和检测工作	20	查资料	验收项目不全、缺项每项扣5分；必要的检测及试验应做未做每项扣5分	
5.6.4	验收合格后拆除施工安全措施（包括隔离措施）设备处于备用状态	10	查资料	验收合格未履行手续不得分	
5.6.5	竣工资料的交接	15	查资料	竣工资料缺一种扣2分	
5.6.6	检修工作总结	15	查资料	无总结不得分，总结不规范每处扣5分	
6	**输电线路**	**1250**			
6.1	**架空送电线路**	**160**			
6.1.1	专业规程标准	30			
6.1.1.1	应配备的国家、行业颁发的规程标准： 1.《电力安全工作规程（电力线路部分）》GB 26859 2.《66kV及以下架空电力线路设计规范》GB 50061 3.《电气装置安装工程接地装置施工及验收规范》GB 50169 4.《交流电气装置的过电压保护和绝缘配合》DL/T 620 5.《接地装置特性参数测量导则》DL/T 475 6.《架空输电线路运行规程》DL/T 741	20	现场检查	差一项（最新版）扣3分，无清册扣5分	

续表

序号	评价项目	标准分/分	评价方法	评分标准及方法	评价依据
6.1.1.1	7.《110～500kV架空送电线路施工及验收规范》GB 50233 8.《110kV及以上送变电工程启动及竣工验收规程》DL/T 782 9.《交流电气装置的过电压保护和绝缘配合》DL/T 620 10.《电力设备预防性试验规程》DL/T 596	20	现场检查	差一项（最新版）扣3分，无清册扣5分	
6.1.1.2	梳理和识别，定期更新和发布	10	查相关文件	未定期更新扣5分，未定期发布扣5分	
6.1.2	技术状况	60			国家能源局《防止电力生产事故的二十五项重点要求》 《架空输电线路运行规程》DL/T 741
6.1.2.1	线路本体包括基础、杆塔、导地线、绝缘子、金具、接地等符合规程标准要求	20	随机抽查各电压等级线路2条，共20基杆塔5处跨越（含大跨越）	一处不合规程的扣2分	
6.1.2.2	线路通道环境、各种交叉跨越、保护区、符合设计规程、运行规程、电力设施保护条例要求	20	随机抽查各电压等级线路2条，共20基杆塔5处跨越（含大跨越）	一处不合规程的扣4分	
6.1.2.3	线路辅助设施如线路杆塔各号牌，各种警示牌、提示牌，多回共杆色标，防雷设施，防鸟设施等符合规程标准要求	10	随机抽查各电压等级线路2条，共20基杆塔5处跨越（含大跨越）	差一种扣1分	

续表

序号	评　价　项　目	标准分/分	评价方法	评分标准及方法	评价依据
6.1.2.4	220kV架空送电线路必须装设准确的线路故障测距和定位装置	10	查资料及查跳闸记录	未装设不得分，功能达不到要求扣5分	
6.1.3	技术资料管理	70			
6.1.3.1	运行单位应有下列图表： 1. 地区电力系统线路地理平面图 2. 地区电力系统结线图 3. 相位图 4. 污区分布图 5. 设备一览图 6. 安全记录图表 7. 年定期检验计划进度表 8. 检修组织机构表 9. 反事故措施及安全技术措施计划表 10. 杆塔型式和基础型式图 11. 110kV及以上线路断面图 12. 110kV及以上线路导线、避雷线安装曲线（或弧垂表） 13. 110kV及以上线路导线、避雷线金具组装图	20	查图表	差一种扣3分，图实不符每处扣3分，未及时修订扣3分	
6.1.3.2	运行单位有规程规定的线路设计施工技术资料	15	查资料	差一种扣2分	
6.1.3.3	运行单位应建立线路台账	15	查台账	差一条线路扣3分，账实不符扣3分	
6.1.3.4	运行单位应建立规程规定的各种运行记录，其中主要记录如下： 1. 线路跳闸，事故及异常运行记录 2. 缺陷记录 3. 绝缘子检测记录	20	查记录	差一种扣2分，其中表列主要记录差一种扣3分	

续表

序号	评 价 项 目	标准分/分	评价方法	评分标准及方法	评价依据
6.1.3.4	4. 线路接点测温记录 5. 接地电阻检测记录 6. 导线弧垂，限距和交叉跨越测量记录 7. 绝缘保安工具检测记录 8. 防洪点检查记录 9. 维护记录	20	查记录	差一种扣2分，其中表列主要记录差一种扣3分	
6.2	**电力电缆线路**	**380**			
6.2.1	专业规程标准	20			
6.2.1.1	应配备的国家、行业颁发的规程标准： 1.《电力安全工作规程(电力线路部分)》GB 26859 2.《电缆线路施工及验收规范》GB 50168 3.《电力工程电缆设计规范》GB 50217 4.《电力设备预防性试验规程》DL/T 596 5.《电力电缆线路运行规程》DL/T 1253 6.《电力设备典型消防规程》DL 5027	10	现场检查	差一项（最新版）扣3分，无清册扣5分	
6.2.1.2	梳理和识别，定期更新和发布	10	查相关文件	未定期更新扣5分，未定期发布扣5分	
6.2.2	技术状况	290			国家能源局《防止电力生产事故的二十五项重点要求》 《电气安装工程电缆线路施工及验收规范》GB 50168

续表

序号	评　价　项　目	标准分/分	评价方法	评分标准及方法	评价依据
6.2.2.1	电缆安装敷设符合规程规定，包括电缆导管的加工敷设，电缆支架的配制安装、电缆的敷设（直埋、穿管、沟道、架空、桥梁上、水底等的敷设形式）电缆附件的安装	30	抽查各电压等级各种敷设方式的电缆线路	不符合规程规定的每处扣2～5分	
6.2.2.2	电缆的地面标志齐全，并符合规程、设计规范要求；电缆标志牌的装设符合要求；水下电缆的两岸标志符合要求	20	现场抽查	不符合要求每处扣1～2分；违反规定造成事故（障碍）不得分	
6.2.2.3	电缆最大短路电流作用时间产生的热效应满足热稳定要求	20	查阅年度热稳定核算资料	未核算热稳定不得分，不能满足热稳定要求又未采取措施不得分	
6.2.2.4	电缆敷设符合规程标准要求，有定期核查记录	20	查阅图纸资料、核查记录、运行记录，现场检查	不符合要求每处扣分2～5分；无核查记录不得分	
6.2.2.5	电缆防火与阻燃措施符合规程标准要求，有定期核查记录	20	查阅图纸资料、核查记录，现场检查	不符合要求每处扣2～5分；无核查记录不得分	
6.2.2.6	阻燃电缆选用和敷设符合规程标准要求，有定期核查记录	20	查阅图纸资料、核查记录，现场检查	不符合要求每处扣2～5分；无核查记录不得分	
6.2.2.7	安全性要求较高的电缆密集场所或封闭通道中配置了自动报警装置；明敷充油电缆的供油系统装设自动报警和闭锁装置；地下公共设施的电缆密集部位，多回路充油电缆的终端设置处装设有专用消防设施；有定期检验记录	20	查阅图纸资料、检验记录，现场检查	不符合要求每处扣2～5分；无检查记录不得分	

续表

序号	评 价 项 目	标准分/分	评价方法	评分标准及方法	评价依据
6.2.2.8	电缆终端头套管外绝缘符合所在地污秽等级要求；并按规定采取防污闪措施	20	查阅设备台账、资料、检修记录，现场检查	不符合要求每处扣10分	
6.2.2.9	电缆终端的过电压防护符合规程要求	20	查阅图纸资料。现场检查	不符合要求每处扣10分	
6.2.2.10	电缆防护保护符合规程要求或厂家使用说明的要求	20	查阅图纸资料。现场检查	不符合要求每处扣5～10分	
6.2.2.11	电缆保护用避雷器、接地装置按规程要求进行了预防性试验	20	查阅预试报告、缺陷记录	不符合要求每处扣5～10分	
6.2.2.12	电缆终端头和中间接头完整无损，清洁，无漏油、溢胶、放电、过热等现象；定期测量各接触面的温度，有完整记录，并及时进行处理	20	查阅巡查记录、测温记录、缺陷记录，现场抽查	缺陷未及时消除每处扣2～5分，无记录不得分；存在严重缺陷不得分；未定期测温不得分	
6.2.2.13	电缆最大负荷电流不超过经过核算的允许载流量；定期测量电缆温度，不超过最高允许值；有完整记录	20	查阅允许载流量有关核算资料、运行记录、测温记录	载流量未进行核对检查、未定期测量电缆温度、无记录不得分；存在负荷或温度短时超限视情况扣5～10分；存在严重问题未处理不得分	
6.2.2.14	电缆预防性实验无漏项、超期、超标等情况	20	查阅预试报告，缺陷记录	不符合规程规定每处扣5～10分	
6.2.3	技术资料	70			
6.2.3.1	下列技术资料、文件正确、有效、齐全与现场实际相符： 1. 地区电缆线路地理平面图 2. 电缆线路系统接线图 3. 电缆沿线敷设图及剖面图，特殊结构图（桥梁、隧道、人井、排管等）	20	查阅图纸资料。现场核查	差一项扣5分，资料有漏错每处扣2分	

续表

序号	评价项目	标准分/分	评价方法	评分标准及方法	评价依据
6.2.3.1	4. 防火阻燃措施图纸、资料 5. 电缆接头和终端头设计装配总图（配有详细注明材料的分件图） 6. 各种型式电缆截面图 7. 电缆线路设备一览表（名称、编号、线路准确长度、截面积、电压、型号、起止点、线路参数、中间接头及终端头的型号、编号、投运日期，实际允许载流量等）	20	查阅图纸资料。现场核查	差一项扣5分，资料有漏错每处扣2分	
6.2.3.2	运行单位有规程规定的线路设计施工技术资料	15	查资料	差一种扣2分	
6.2.3.3	运行单位应建立线路台账	15	查台账	差一条线路扣3分，账实不符扣3分	
6.2.3.4	运行单位应建立规程规定的各种运行记录，其中主要记录如下： 1. 线路跳闸，事故及异常运行记录 2. 缺陷记录 3. 电缆检测记录 4. 电缆接头测温记录 5. 接地电阻检测记录 6. 维护记录	20	查记录	差一种扣2分，其中表列主要记录差一种扣3分	
6.3	**技术管理**	**110**			
6.3.1	有本单位的线路维护分界管理规定，线路与发电厂、变电站、相邻线路运行单位的分界点有文字协议	10	查规定查协议	无本单位规定扣5分，无与外单位文字协议每处扣3分	
6.3.2	设备缺陷管理制度健全，设备缺陷分类标准具体明确	10	查阅制度文本	无管理制度不得分；设备缺陷分类标准不具体、不明确扣2～5分	

续表

序号	评 价 项 目	标准分/分	评价方法	评分标准及方法	评价依据
6.3.3	设备缺陷登记、上报、处理、验收等程序实现闭环控制，严重缺陷、危急缺陷在规定时间内得到处理	10	查阅相关技术资料	未实现闭环控制不得分；严重、危急缺陷得不到及时处理不得分并加扣5分	
6.3.4	设备缺陷记录完整、定性正确，处理及时，定期对缺陷情况进行分析，有缺陷月报表，有消缺率的考核	10	查阅相关技术资料	缺陷记录有一处差错扣1分；不能定期开展缺陷分析扣2～5分，无缺陷报表扣3分，无消缺率考核扣5分	
6.3.5	有防止各种架空线路事故的措施并严格落实，如防倒杆、防断线、掉线、防污闪、防雷电、防外力破坏、防导线覆冰、舞动等并认真组织落实。线路杆塔8m及以下拉线采用防盗螺栓，跨越110kV及以上线路、铁路、高等级公路、通航河流及输油气管道时应采用双悬垂绝缘子串，并尽可采用双独立挂点。居民区、水田、变电站不宜采用玻璃绝缘子 有防止各种电缆线路事故的措施并严格落实，预防电缆线路机械损伤；预防电缆绝缘过热和导线连接点损坏；电缆的腐蚀等	20	查措施及落实情况	防止事故措施缺一种扣4分，落实不到位每处扣2分	
6.3.6	制订了倒杆断线事故的应急预案，并组织了培训演练	10	查预案，查演练方案总结	无预案不得分，无培训演练扣6分	
6.3.7	有事故备品备件清册，账物相符，保管符合规定	10	查清册及现场核对	无清册不得分，账物不符每种扣2分，保管不合要求扣5分	

续表

序号	评　价　项　目	标准分/分	评价方法	评分标准及方法	评价依据
6.3.8	依据法规条例做好线路保护工作，外力破坏事故能及时告警和破案，事故逐年降低	10	查运行记录	未告警未破案一次扣5分，案件增加扣5分	
6.3.9	汛前完成防汛大纲规定的防汛检查并填报防汛检查表	10	查防汛检查表	未检查，未填表不得分	
6.3.10	对送电线路特殊区段，如大跨越、多雷区、重冰区、防汛重点区段应有明确划分，应有相应要求，并写进本单位的现场运行规程中	10	查划分规定，查现场运行规程	无划分不得分，未写进运行规程扣6分	
6.4	**运行管理**	**80**			《架空输电线路运行规程》DL/T 741
6.4.1	编写本单位的现场运行规程，内容全面、编写规范，可操作性强	15	查规程	无本单位运行规程不得分，内容未结合本单位实际不得分，有重大不足每处扣5分	
6.4.2	有编写、审核、批准人名单，有发布实施本规程的单位通知文件	10	查规程查通知文件	无名单不得分，无通知文件扣5分	
6.4.3	及时修订、复查运行规程： 1. 有变化及时补充修订 2. 每年进行一次复查修订 3. 每3～5年进行一次全面修订印发 4. 补充修订应严格履行审批手续	20	查规程	每一小条达不到要求扣5分	
6.4.4	新规程发布到实施期间组织有关人员学习，实施前考试，考试合格上岗	10	查考试记录	未考试不得分，不及格者未补考每人扣5分	

续表

序号	评 价 项 目	标准分/分	评价方法	评分标准及方法	评价依据
6.4.5	运行单位每年组织一次规程考试，班组每季度组织一次规程考试	10	查考试记录	未考试不得分，不及格者未补考每人扣5分	
6.4.6	运行分析会，运行单位每年至少两次，运行班组每月一次	10	查分析会记录	未开分析会不得分，分析记录不规范扣5分	
6.4.7	应配备各级调度规程（根据调度关系）	5	现场检查	未配备（最新版）扣5分	
6.5	**线路巡视**	**60**			《架空输电线路运行规程》DL/T 741
6.5.1	有本单位的线路巡视管理制度	10		无制度不得分，不规范扣5分	
6.5.2	有本单位的线路巡视岗位责任制	10		无责任制不得分，无考核扣5分	
6.5.3	按本单位线路现场运行规程和巡视制度规定进行定期巡视、故障巡视、特殊巡视、诊断巡视、监督巡视，并做完整巡视记录，记录保持一年	20	查阅巡视制度、巡视及缺陷记录。现场核查	无巡视记录不得分；巡视不到位，记录不完整扣5～10分，记录不规范每处扣1分，未保持一年扣5分；评价期内因巡视不及时、不到位造成事故（障碍）不得分	
6.5.4	根据实际情况进行故障巡视，特殊巡视，夜间交叉和诊断性巡视，有巡视计划，有记录	10	查巡视记录	无记录不得分，应巡未巡一次扣5分	
6.5.5	监察性巡视，运行单位领导、运行管理人员为了解线路运行情况，检查指导巡线人员工作而进行的监察性巡视每年至少一次并有记录	10	查巡视记录	未巡视不得分，无记录不得分，无指导意见不得分	

续表

序号	评　价　项　目	标准分/分	评价方法	评分标准及方法	评价依据
6.6	**线路检测**	**80**			《架空输电线路运行规程》DL/T 741
6.6.1	有线路检测计划，周期检测项目有检测周期表，滚动执行，检测工作应记入月度工作计划	20	查计划，查周期表，查月度工作计划	无计划扣10分，无周期表扣10分	
6.6.2	有检测作业指导书，并经审批程序，发布实施	10	查作业指导书及批准手续	无指导书不得分，审批手续不全扣5分	
6.6.3	检测工具仪表管理应规范，并定期送检，有校验记录和标签，保管场所符合规定	10	查检验报告，查标签	到期未定检不得分，无标签一处扣5分	
6.6.4	检测记录清晰，有检测人签名	10	查记录	记录不规范每处扣2分，无签名扣2分	
6.6.5	检测项目按运行规程执行，重点检查，绝缘子测量记录，接点测温记录，接地电阻测量记录	30	查记录	差一项扣5分，主要检测（表列）差一项扣10分	
6.7	**线路维护**	**110**			《架空输电线路运行规程》DL/T 741
6.7.1	有线路维护计划，按周期维护的项目有维护周期表，并滚动执行，维护工作应列入月度工作计划	15	查计划，查周期表	无计划扣10分，无周期表扣10分	
6.7.2	杆塔坚固螺栓，新线路投入一年后进行，以后每5年紧固一次，有记录	10	查记录	未开展不得分，无记录不得分，记录不全扣5分	
6.7.3	绝缘子清扫每年一次，防污重点地段，缩短周期，逢停必扫，有记录	10	查记录	未开展不得分，无记录不得分，记录不全扣5分	

续表

序号	评 价 项 目	标准分/分	评价方法	评分标准及方法	评价依据
6.7.4	线路防振和防舞动装置维护调整每1～2年一次，有记录	10	查记录	未开展不得分，无记录不得分，记录不全扣5分	
6.7.5	砍修树、竹每年一次，有问题随时进行	10	查记录，工作计划	未开展不得分，未及时砍剪扣5分，构成严重缺陷不得分	
6.7.6	修补防汛设施，每年汛前检查修补一次，有问题随时进行	10	查记录，工作计划	未开展不得分，未及时扣5分，构成严重缺陷不得分	
6.7.7	修补防鸟设施和拆巢每年一次，有问题随时进行	10	查记录，工作计划	未开展不得分，未及时扣5分，构成严重缺陷不得分	
6.7.8	杆塔铁件防腐，做到无严重腐蚀铁件	10	查记录，工作计划	有严重腐蚀铁件一处扣5分	
6.7.9	接地装置，防雷设施，更换绝缘子，调整更新拉线，金具等，根据检测和巡视报告及时处理	15	查记录，查缺陷	未及时处理每处扣5分，构成严重缺陷不得分	
6.7.10	补齐线路号牌、警示、防护标志、色标等	10	查记录	差一处扣2分	
6.8	**检修管理**	**170**			
6.8.1	有年度检修计划，是技改大修项目的应纳入技改大修计划中	10	查计划	无计划不得分	
6.8.2	月度工作计划中有检修计划内容且与年度检修计划相衔接	10	查计划	年度计划与月度计划未衔接扣5分	
6.8.3	需要停电配合的应有调度下达的月度停电计划	10	查计划	无停电计划不得分	
6.8.4	有经审批的线路检修规程（或检修作业指导书）	10	查规程或指导书	无检修规程或指导书不得分，内容有重大漏错扣5分	

续表

序号	评 价 项 目	标准分/分	评价方法	评分标准及方法	评价依据
6.8.5	检修工作必须签订检修合同	10	查合同	无合同不得分，合同不规范扣5分	
6.8.6	检修工作，合同中有明确的安全条款，明确各自应承担的安全责任	15	查合同	无安全条款不得分，无甲方责任不得分，有不合理条款扣5分	
6.8.7	有经批准的施工“三措”	15	查三措及批准手续	无三措不得分，无批准手续不得分	
6.8.8	检修单位特有电力施工许可证，安全许可证，营业执照等并经安全资质审查	20	查证件，查资质审查意见	无任一证件不得分，未经资质审查不得分	
6.8.9	开工前应办理工作票和安全施工作票	15	查办票清况	未办票不得分，票不规范每处扣5分	
6.8.10	开工前应层层进行安全技术交底，安全交底应有文字资料，交底双方要签字	15	查安全交底资料	未交底不得分，无双方签字扣10分	
6.8.11	现场安全措施应落实，特别是隔离措施，个人防护措施，监护措施，应急救援措施	15	查措施	无任一措施不得分，措施不完备每处扣5分	
6.8.12	带电作业、起重作业、焊接作业、登高作业、爆破作业等特种作业人员应持证上岗	15	查持证情况，未年审证视为无证	无证作业每人扣5分	
6.8.13	检修完工后有检修工作总结	10	查检修总结	无总结不得分，不完善扣5分	
6.9	**带电作业**	**100**			《架空输电线路运行规程》DL/T 741
6.9.1	有年度带电工作计划，有带电工作记录，有年度带电工作统计和总结	10	查计划、记录、统计、总结	无计划，无记录不得分无总结统计扣5分	

续表

序号	评价项目	标准分/分	评价方法	评分标准及方法	评价依据
6.9.2	明确带电作业项目，每个项目有现场操作规程，现场操作规程由本单位生产管理部门审查，并经总工程师批准	20	查项目操作规程及审批手续	项目操作规程差一种扣10分，无批准手续不得分	
6.9.3	带电作业人员必须持证上岗，证件为带电作业培训中心颁发的带电作业资格证书和本单位生产管理部门签发的带电作业上岗证书。带电作业资格证，认证每5年一次，上岗证每年考核一次	20	查证件	无证作业每人扣5分	
6.9.4	有带电作业工具专用库房，且符合库房标准，有烘干、除湿、通风等设备，依据设定的温度自动控制以上设备的运行	10	查库房	达不到标准，不能自动控制不得分	《带电作业工具库房》DL/T 974
6.9.5	带电作业工具预防性试验，依据电力安全工作规程和《带电作业工具、装备和设备预防性试验规程》DL/T 976对安全工具进行定期试验。试验结果、有效日期卡片、试验合格证粘贴清晰	20	查工具试验报告及标签	未试验每件扣5分，试验不合格或超期每件扣6分，标签不规范每件扣5分	
6.9.6	高架绝缘斗臂车有专用车库。操作人员经专门培训，持证上岗	20	查车库、查证件	无专用车库扣15分，无上岗证每人扣5分	
7	**配电线路和设备**	**1685**			
7.1	**架空配电线路及设备**	**310**			
7.1.1	专业规程标准	30			
7.1.1.1	应配备的国家、行业颁发的规程标准： 1.《电力安全工作规程(电力线路部分)》GB 26859 2.《电力设备预防性试验规程》DL/T 596	20	现场检查	差一项（最新版）扣3分，无清册扣5分	

续表

序号	评　价　项　目	标准分/分	评价方法	评分标准及方法	评价依据
7.1.1.1	3.《城市中低压配电网改造技术导则》DL/T 599 4.《蓄电池直流电源装置运行与维护技术规程》DL/T 724 5.《电气装置安装工程接地装置施工及验收规范》GB 50169 6.《交流电气装置的过电压保护和绝缘配合》DL/T 620 7.《10kV及以下架空配电线路设计技术规程》DL/T 5220 8.《架空绝缘配电线路设计技术规程》DL/T 601 9.《标称电压1kV以上交流电力系统用并联电容器》GB/T 1102457 10.《配电线路带电作业技术导则》GB/T 188	20	现场检查	差一项（最新版）扣3分，无清册扣5分	
7.1.1.2	梳理和识别，定期更新和发布	10	查相关文件	未定期更新扣5分，未定期发布扣5分	
7.1.2	技术状况	250			
7.1.2.1	线路及设备标志有统一规定，做到齐全、正确、醒目： 1.采用双重编号：线路名称及杆塔编号 2.同杆并架线路采用标识、色标或其他方法加以区别 3.变电站出线和配变站的进出线有双重编号和相位标志 4.配变站、箱式变压器、变压器台、环网柜、开闭站、电缆分支箱、断路器、开关有相关编号牌、电源牌及警告牌 5.人员、车辆、机械穿越架空线路地段有安全标志	10	查阅标志管理规定，现场检查	无管理规定不得分；标志不符合规定每处扣1～2分	《电力安全工作规程（电力线路部分）》GB 26859 《电力设施保护条例实施细则》 四川能投《安全设施标准化手册》

续表

序号	评价项目	标准分/分	评价方法	评分标准及方法	评价依据
7.1.2.2	中压分区配电网有明确的供电范围，互不交错，相邻之间互为备用	10	现场检查，查阅图纸资料	分区供电有交错的每处扣2～5分	《城市中低压配电网改造技术导则》DL/T 599
7.1.2.3	中压架空线路采用多分段、多联络的开式环网结构；电缆线路采用环网或开式环网结构；具有足够的转移负荷的能力	10	现场检查，查阅图纸资料	负荷转换不满足要求扣2～5分	
7.1.2.4	中低压同杆并架线路为同一电源供电，低压线路不穿越中压线路分段开关或联络开关	10	现场检查，查阅图纸资料	不符合要求不得分	《城市中低压配电网改造技术导则》DL/T 599
7.1.2.5	城市供电可靠率达到99.9%，在大中城市中心区供电可靠率达到99.99%	10	现场检查，查阅资料	任一指标不符合要求扣5～10分	
7.1.2.6	有多电源及自备电源用户管理规定，两电源之间应有可靠的连锁，并且供电双方签订协议，按协议操作。任何时候不得向系统反送电	10	查阅有关规定、协议，现场检查	无管理规定，无可靠闭锁，未签协议不得分	
7.1.2.7	用户注入电网的谐波电流超过标准，以及冲击负荷、波动负荷、非对称负荷等对电能质量产生干扰与妨碍，能在规定期限内采取了措施达到国家标准要求	10	查阅试验记录、资料，现场检查	未按规定测试谐波扣2～5分；新报装谐波源客户未核查或无这里措施扣5分；对已查出不符合要求的谐波客户无治理措施扣5分，对不符合电压波动要求的客户未治理每处扣2分	

续表

序号	评　价　项　目	标准分/分	评价方法	评分标准及方法	评价依据
7.1.2.8	线路及变配设备技术性能符合运行标准规定。线路：杆塔、基础、导线、绝缘导线、金具、绝缘子、连接器、线夹、导线弧垂、交叉跨越、拉线、接地装置、线路防护区、巡线通道、标志等；设备：变压器、变压器台、高低压熔断器、避雷器、开关、电容器、柱上断路器、负荷开关、隔离开关、开闭站一二次设备、配变站高低压设备、箱式变压器、环网柜（开闭器）、电缆分支箱及标志等	20	查阅缺陷记录、试验报告，现场检查	不符合要求未处理每处扣1～2分	《架空配电线路及设备运行规程》
7.1.2.9	架空线路的正常负荷电流应控制在安全电流的2/3以下，有负荷记录，超过时采取了措施	10	查阅负荷记录及有关分析资料	无控制负荷和超负荷记录扣5分无控制措施扣5分	
7.1.2.10	装设了必要的自动装置，如重合闸，备用电源自投装置，低周减载，自动解列等	10	查运行资料	应装未装每处扣3分	
7.1.2.11	有配电变压器（含箱式变）负荷测量规定，负荷率、不平衡度不超过规定	10	查阅规定、负荷记录	无测量规定扣5～8分；负荷率、不平衡度超标未分析调整扣2～5分	
7.1.2.12	箱式变电站箱门密封良好，门锁有防雨、防堵各防锈措施	10	现场检查	密封不合格不得分，门锁措施不落实扣6分	
7.1.2.13	箱式变电站内回路和连接点无过热现象，箱体自然通风和隔热措施满足运行要求	10	现场检查	有过热点不得分，未测温扣6分，通风不好扣2分	
7.1.2.14	箱式变电站高电压室内侧有主回路接线图、操作程序和注意事项，室内照明设施良好	10	现场检查	不符合要求每站扣5分	

续表

序号	评 价 项 目	标准分/分	评价方法	评分标准及方法	评价依据
7.1.2.15	开闭站、配变站、箱式变电站、环网柜、电缆分支箱设备和箱体接地良好，接地电阻符合规程要求，定期测量接地电阻	20	查测试记录，现场检查	接地电阻不合格每处扣5分，未测接地电阻或无记录每处扣分3分，接地不合要求每处扣分2分	
7.1.2.16	开闭站、配变站、箱式变压器、环网柜、电缆分支箱等有防止小动物进入的措施	10	查事故报告，现场检查	不符合要求每处扣2分；发生小动物破坏事故不得分并加扣10分	
7.1.2.17	开闭站蓄电池浮充电压、电流、单支电压按规定进行测试检查	10	查阅现场记录	无测试规定不得分；无记录扣2～5分	
7.1.2.18	线路绝缘子及户内外设备外绝缘符合所在地区污秽等级的要求	10	查阅污区图线路、设备资料，现场检查	不符合要求又未采取措施扣5～10分	
7.1.2.19	高层建筑群地区、人口密集、繁华街道区、绿化地区及林带、污秽严重地区以及建筑物的安全距离不能满足要求的地区按规定采用架空绝缘配电线路	10	查阅线路技术卡片，现场检查	应采用而未采用绝缘导线的每处扣5分	
7.1.2.20	变压器接线柱、熔断器、避雷器与绝缘导线连接部位；开关设备与绝缘导线连接部位；停电工作接地点等装设绝缘护套	10	现场检查	不符合要求每处扣1分	
7.1.2.21	线路及设备过电压保护配置和安装符合规程要求	10	查阅台账资料，现场检查	不符合要求每处扣1分	
7.1.2.22	按电气设备预防性试验规程规定周期项目进行了试验，并有试验报告	10	查阅试验计划、试验报告	未按规定试验有超期漏项扣5分，有试验超标未处理每次扣2分	

续表

序号	评 价 项 目	标准分/分	评价方法	评分标准及方法	评价依据
7.1.2.23	对在电网中服役20年以上的高压开关设备、短路电流开断能力不符合要求或国家、电力系统已停止生产装用的产品已经更换或改造	10	查阅设备资料	短路电流超标未安排更换或采取措施一处扣2～5分	
7.1.3	技术资料	30			
7.1.3.1	有以下技术资料且齐全、正确： 1. 配电网络运行方式图 2. 线路平面图 3. 线路杆位图 4. 低压台区图（包括电流、电压测量记录） 5. 高压配电线路负荷记录 6. 缺陷记录 7. 配电线路、设备变动（更正）通知单 8. 维护产权分界点协议书 9. 巡视手册 10. 防护通知书 11. 交叉跨越记录 12. 事故障碍记录 13. 变压器卡片 14. 断路器、负荷开关卡片 15. 配变站巡视记录（含开闭站、箱式变） 16. 配变站运行方式接线图 17. 配变站检修记录 18. 配变站竣工资料和技术资料 19. 接地装置布置图和试验记录 20. 绝缘工具试验记录 21. 工作日志	20	查阅图纸资料，现场检查	不齐全、不规范、不正确每处扣1～2分，差一种扣2分	

续表

序号	评 价 项 目	标准分/分	评价方法	评分标准及方法	评价依据
7.1.3.2	带电作业班组应具备以下技术资料，并计真填写： 1. 带电作业登记表 2. 带电作业新项目（新工具）技术鉴定书 3. 经批准的带电作业项目表及分项操作规程 4. 带电作业分项需要工具卡 5. 带电作业工具清册 6. 带电作业工具机械预防性试验卡 7. 带电作业工具电气预防性试验卡 8. 带电作业合格证	10	查阅图纸资料，现场检查	不齐全、不规范、不正确每处扣1～2分，差一种扣2分	
7.2	**电缆配电线路**	150			
7.2.1	专业规程标准	20			
7.2.1.1	应配备的国家、行业颁发的规程标准： 1.《电力安全工作规程（电力线路部分）》GB 26859 2.《电缆线路施工及验收规定》GB 50168 3.《电力工程电缆设计规定》GB 50217 4.《电力设备预防性试验规程》DL/T 596 5.《电力电缆线路运行规程》DL/T 1253 6.《配电线路带电作业技术导》则 GB/T 18857 7.《电力设备典型消防规程》DL 5027	10	现场检查	差一项（最新版）扣3分，无清册扣5分	
7.2.1.2	梳理和识别，定期更新和发布	10	查相关文件	未定期更新扣5分，未定期发布扣5分	

续表

序号	评　价　项　目	标准分/分	评价方法	评分标准及方法	评价依据
7.2.2	技术状况	120			《电力工程电缆设计规定》GB 50217 《电缆线路施工及验收规定》GB 50168
7.2.2.1	电缆技术性能符合技术标准，无损伤、脏污、漏油、溢胶和放电过热现象，各种安全间距符合规程规定；电缆敷设和固定符合要求，单芯电缆的固定夹具不应构成闭合磁回路；电缆最大工作电流、最大短路电流、持续工作电流不超过电缆截面设计选择并留有一定裕度，有年度核查记录	20	现场抽查电缆终端头、电缆接头、拐弯处、夹层内、电缆沟和竖井等处情况	一般缺陷一处扣2分；重大缺陷扣5～8分	
7.2.2.2	配电线路电缆分支箱安装运行状况符合技术标准，配电箱内外各类名称、编号、相色和安全警示标志齐全、清晰、规范	20	现场核对性检查	一般缺陷一处扣2分；重大缺陷扣5～8分	四川能投《安全设施标准化手册》
7.2.2.3	电缆名称、编号标志牌齐全，挂装牢固：电缆终端相色正确；地下电缆或直埋电缆的地面标志齐全并符合有关要求；靠近地面一段电缆有安全警示标志及防护设施	20	现场核对性检查	一处不符合要求扣2分	四川能投《安全设施标准化手册》
7.2.2.4	电缆沟内无杂物，排水畅通，无积水，盖板齐全完好；电缆支架等金属部件防腐层完好，支架接地良好，电缆固定完好	10	现场核对性检查	一般问题每处扣1分；重大问题扣5～8分	
7.2.2.5	电缆的保护层、屏蔽层和穿管、桥架等接地良好；电缆终端防雷设施齐全完好	20	现场检查	一般缺陷一处扣1分；重大缺陷扣5～8分	

续表

序号	评 价 项 目	标准分/分	评价方法	评分标准及方法	评价依据
7.2.2.6	电缆的防火阻燃措施完善，防火与阻燃所需的封堵措施、防火墙设置、防火涂料的使用等完整正确	20	现场检查	一处不符合要求扣5分	
7.2.2.7	电力电缆预防性试验无漏项、无超周期、无超标	10	查阅试验报告和试验记录	一条线路超6个月以上扣5分；一条线路有重要试验项目不符合要求不得分	《电力设备预防性试验规程》DL/T 596
7.2.3	具有下列技术资料、记录： 1. 地区电缆线路地理平面图 2. 电缆线路系统接线图 3. 电缆沿线敷设图及剖面图，特殊结构图（桥梁、隧道、人井、排管等） 4. 防火阻燃措施图纸、资料 5. 电缆接头和终端头设计装配总图（配有详细注明材料的分件图） 6. 各种型式电缆截面图 7. 电缆线路设备一览表（名称、编号、线路准确长度、截面积、电压、型号、起止点、线路参数、中间接头及终端头的型号、编号、投运日期，实际允许载流量等） 8. 巡视检查记录 9. 缺陷记录 10. 检修记录和试验报告	10	查阅图纸资料。现场核查	缺一种扣2分	
7.3	**农网中压配电系统**	**410**			
7.3.1	专业规程标准	30			
7.3.1.1	应配备的国家、行业颁发的规程标准： 1.《电力安全工作规程（电力线路部分）》GB 26859	20	现场检查	差一项（最新版）扣3分，无清册扣5分	

续表

序号	评 价 项 目	标准分/分	评价方法	评分标准及方法	评价依据
7.3.1.1	2.《电力设备预防性试验规程》DL/T 596 3.《10kV及以下架空配电线路设计技术规程》DL/T 5220 4.《架空绝缘配电线路设计技术规程》DL/T 601 5.《蓄电池直流电源装置运行与维护技术规程》DL/T 724 6.《电气装置安装工程接地装置施工及验收规范》GB 50169 7.《交流电气装置的过电压保护和绝缘配合》DL/T 620 8.《电缆线路施工及验收规定》GB 50168 9.《电力工程电缆设计规定》GB 50217 10.《电力电缆线路运行规程》DL/T 1253 11.《标称电压1kV以上交流电力系统用并联电容器》GB/T 11024 12.《配电线路带电作业技术导则》GB/T 18857	20	现场检查	差一项（最新版）扣3分，无清册扣5分	
7.3.1.2	梳理和识别，定期更新和发布	10	查相关文件	未定期更新扣5分，未定期发布扣5分	
7.3.2	10（6）kV架空配电线路	110			《10kV及以下架空配电线路设计技术规程》DL/T 5220
7.3.2.1	线路设备（含杆塔、横担、导线、绝缘子、金具拉线及高压接户线等）技术性能及通道环境符合运行标准	20	现场检查	一般缺陷一处扣1分；重大缺陷一处扣5～8分	

续表

序号	评价项目	标准分/分	评价方法	评分标准及方法	评价依据
7.3.2.2	对线路各类标志的设置有统一规定，杆塔标志齐全、正确、醒目，设置规范： 1. 每基杆塔有双重名称和编号，在同杆架设多回线路中的每一回线路都有双重称号 2. 线路的出口杆、分支杆等有相色标记 3. 双电源杆有明显的双电源标志 4. 检查水泥杆埋深的标志清晰 5. 安全警示标志齐全，符合有关规定	20	查阅规定文本，现场检查	无明文规定不得分；一基杆塔不符合规定扣1分；存在严重问题不得分	四川能投《安全设施标准化手册》
7.3.2.3	按照运行规程要求落实配电线路预防性检查、维护项目，记录正确、完整、规范： 1.5年至少1次登杆检查 2.5年1次杆塔金属基础检查 3.5年1次盐、碱低洼地区混凝土根部检查 4.5年1次导线连接线夹检查 5. 拉线根部检查：镀锌拉棒5年1次，镀锌铁线3年1次 6. 铁塔紧螺帽五年一次 7. 规定的其他预防性检查、维护项目	20	查阅资料，现场抽查	检查项目有一处不符合要求扣2分，存在问题较多或比较严重每处扣4分；无检查记录扣5～8分	
7.3.2.4	绝缘配电线路的首端、联络开关两侧，分支杆、耐张杆接头处以及有可能反送电的分支线的末端应设置停电工作接地点	10	现场检查	不符合要求每处扣2分	《架空绝缘配电线路设计技术规程》DL/T 601

续表

序号	评　价　项　目	标准分/分	评价方法	评分标准及方法	评价依据
7.3.2.5	认真落实防止污闪事故的各项措施，各条线路及设备绝缘子爬距符合该地段污秽等级防污要求	10	按污秽等级图核对线路绝缘子爬距	一处不符合要求扣5分	国家能源局《防止电力生产事故的二十五项重点要求》
7.3.2.6	广播、通信、电视等弱电线路不得与中压配电线路同杆架设；未经电力企业同意，不得与低压配电线路同杆架设	10	现场检查	一条线路不符合要求扣5分	
7.3.2.7	穿越和接近导线的电杆必须装设拉线绝缘子，拉线绝缘子的安装符合规程要求	10	现场抽查	不符合要求不得分	
7.3.2.8	线路的防雷和接地措施符合规程要求	10	现场抽查、核对资料	不符合要求每处扣5分	
7.3.3	配电变压器及配电变压器台	100			
7.3.3.1	配电变压器技术性能、运行状况符合规程要求： 1. 套管无污染，无裂纹、损伤及放电痕迹 2. 油温、油位、油色正常 3. 无渗漏油 4. 部件连接牢固、连接点无锈蚀、过热现象 5. 配电变压器倾斜度不大于1%	10	现场检查	一般缺陷一处扣1分；重大缺陷扣5～8分	
7.3.3.2	柱（台、架）上、屋顶式变压器底部离地面高度不小于2.5m；落地式变压器四周安全围栏（围墙）高度不低于1.8m，围栏栏条间净距不大于0.1m，围栏（围墙）距配电变压器外廓净距不小于0.8m，变压器底座基础高于当地最大洪水位，且不低于0.3m	10	现场检查	一处不符合要求扣3分	

续表

序号	评 价 项 目	标准分/分	评价方法	评分标准及方法	评价依据
7.3.3.3	变压器编号和警示标志的设置有统一规定，各类标志齐全、正确、醒目、规范	10	查阅规定文本，现场检查	一处不符合要求扣2分	
7.3.3.4	与配电变压器配套安装的跌落式开关或其他型式的开关、刀闸、熔断器技术性能、运行状况符合规程要求；熔断器熔丝配置正确	10	现场检查	一般缺陷一处扣1分；重大缺陷扣5～8分	
7.3.3.5	导线及接头的材质规格与连接状况以及各部分电气安全间距符合规程要求；配电变压器高低压引线均采用绝缘线，其截面按配电变压器额定电流选择，且不小于规程规定（铜线16mm²，铝线25mm²），不同金属导线连接应有过渡金具	10	现场检查	一般缺陷一处扣1分；重大缺陷扣5～8分	
7.3.3.6	变压器按规程要求装设避雷器，防雷装置完整可靠，接地线与变压器低压侧中性点以及金属外壳可靠连接每个接地电阻检测合格、避雷器试验合格	10	现场检查	一般缺陷一处扣1分；重大缺陷扣5～8分，未每年测接地电阻和避雷器试验扣5～8分	
7.3.3.7	配电变压器无功补偿装置配置符合规定并正常投运	10	现场检查	一处不符合要求扣3分	
7.3.3.8	绝缘配电线路上变压器的一次、二次侧应设置停电工作接地点	10	现场检查	不符合要求不得分	
7.3.3.9	定期对配电变压器及台架、围栏进行巡视、检查、维护，负荷高峰时测负荷	10	查巡视记录和测负荷记录	未巡视未测负荷不得分，记录不清有错漏扣5分	
7.3.3.10	按规程要求对配电变压器进行预防性试验，试验记录和试验报告正确、完整、规范	10	查阅试验报告和技术资料	未试验不得分，试验项目不全报告不清扣5分，有严重问题未处理扣5～8分	《电力设备预防性试验规程》DL/T 596

续表

序号	评　价　项　目	标准分/分	评价方法	评分标准及方法	评价依据
7.3.4	柱上开关设备	50			
7.3.4.1	柱上开关设备（含油断路器、六氟化硫、真空断路器、隔离开关、跌落式开关、重合器等，以下同）安装、运行状况符合规程要求；柱上开关的额定电流、额定开断容量满足安装点的短路容量	10	现场检查	一般缺陷一处扣1分；重大缺陷每处扣5～8分	
7.3.4.2	柱上开关设备名称、编号和安全警示标志的设置有统一规定，各类标志齐全、正确、醒目、规范	10	现场检查	一处不符合要求扣2分	
7.3.4.3	防雷与接地措施完善；经常开路运行而又带电的开关的两侧均设防雷装置	10	现场检查；查阅有关资料、记录	一处不符合要求扣4分	
7.3.4.4	定期对柱上开关设备进行巡视、检查、维护	10	查巡视记录	未巡视不得分，记录不清有错漏扣5分	
7.3.4.5	按规程要求进行预防性试验，记录和试验报告正确、完整、规范	10	查阅试验报告记录	未试验不得分试验项目不全，报告不清扣5分，有严重缺陷未处理扣5～8分	《电力设备预防性试验规程》DL/T 596
7.3.5	开闭所、小区配电室和箱式变电站	100			
7.3.5.1	开关、熔断器、变压器、无功补偿装置、母线、电缆、仪表等符合运行标准；各部接点无过热等异常现象；充油设备油位、油色、油温正常，无渗漏油现象；电气安全净距符合规定	20	现场检查	一般缺陷一处扣1分；重大缺陷扣8～10分	
7.3.5.2	开闭所、小区配电室和箱式变电站外部名称编号和安全警示标志齐全、正确、醒目、规范	10	现场检查	一处不符合要求扣2分	四川能投《安全设施标准化手册》

续表

序号	评 价 项 目	标准分/分	评价方法	评分标准及方法	评价依据
7.3.5.3	各类设备名称、编号、相序标志、接线方式图示、仪表及信号指示齐全、完好、正确	10	现场检查	一处不符合要求扣2分	
7.3.5.4	建筑物、门、窗、基础等完好无损；门的开启方向正确；室内室温正常，照明、防火、通风设施完好；周围无威胁安全运行或阻塞检修车辆通行的堆积物。有防止雨、雪和小动物从采光窗、通风窗、门、电缆沟等进入室内的措施	10	现场检查	一般缺陷一处扣1分；重大缺陷扣5～8分	
7.3.5.5	防雷与接地措施符合规定	10	现场检查	不符合规定每处扣3分	
7.3.5.6	按规程要求对设备定期巡视、检查和维护，以及消防器材检查	20	查巡视记录	未巡视不得分，记录不清有错漏扣5分	
7.3.5.7	保护装置和仪表二次接线检查校验，设备预防性试验合格，试验报告和各种记录齐全、正确	20	查阅校验报告、试验报告及各项工作记录	未校验试验不得分，有漏试漏校，报告不清扣10分，有严重问题未处理扣10～15分	
7.3.6	运行单位应具有以下技术资料： 1. 配电网络及配变站运行方式图 2. 配电线路平面图 3. 线路杆位图（表） 4. 高压配电线路负荷记录 5. 线路及设备台账、清册 6. 缺陷记录 7. 配电线路、设备变动通知单及变更记录 8. 维护（产权）分界点协议书，用户专线代维协议	20	查阅技术档案	差一种技术资料扣2分	

续表

序号	评价项目	标准分/分	评价方法	评分标准及方法	评价依据
7.3.6	9. 巡视手册 10. 防护通知书 11. 交叉跨越记录、接头记录、故障指示器安装地点及动作记录 12. 事故、障碍记录 13. 变压器、断路器、负荷开关卡片 14. 配电线路及设备修试记录 15. 配电线路及设备竣工资料和技术资料 16. 绝缘工具试验记录；工作日志 在上述规定的基础上，企业应对各业务主管部门、工区及基层班组应配备的技术资料作出明确的切合实际的规定，并认真执行	20	查阅技术档案	差一种技术资料扣2分	
7.4	**农网低压配电线路及设备**	**230**			
7.4.1	专业规程标准	30			
7.4.1.1	应配备的国家、行业颁发的规程标准： 1.《电力安全工作规程(电力线路部分)》GB 26859 2.《电力设备预防性试验规程》DL/T 596 3.《10kV及以下架空配电线路设计技术规程》DL/T 5220 4.《架空绝缘配电线路设计技术规程》DL/T 601 5.《蓄电池直流电源装置运行与维护技术规程》DL/T 724 6.《电气装置安装工程接地装置施工及验收规范》GB 50169	20	现场检查	差一项（最新版）扣3分，无清册扣5分	

续表

序号	评价项目	标准分/分	评价方法	评分标准及方法	评价依据
7.4.1.1	7.《交流电气装置的过电压保护和绝缘配合》DL/T 620 8.《农村低压电器安全工作规程》DL 477 9.《农村低压电力技术规程》DL/T 499 10.《配电线路带电作业技术导则》GB/T 18857	20	现场检查	差一项（最新版）扣3分，无清册扣5分	
7.4.1.2	梳理和识别，定期更新和发布	10	查相关文件	未定期更新扣5分，未定期发布扣5分	
7.4.2	技术状况	140			《农村低压电力技术规程》DL/T 499 《农村低压电器安全工作规程》DL 477
7.4.2.1	低压线路（含架空裸线、绝缘线）各部分设备的技术性能符合规程要求	10	现场检查	一般问题一处扣1分；重要问题一处扣5分	
7.4.2.2	低压线路与10kV配电线路同杆架设时，为同一电源且没有跨越10kV配电线路分段开关的现象	10	资料查阅，现场检查	不符合要求一处扣5分	
7.4.2.3	多路电源用户或装有自备发电装置用户的档案健全；所有此类用户均采取了防止反送电措施	10	资料查阅，现场检查	档案不全扣5分，无防反送电措施不得分	
7.4.2.4	按《农村低压电力技术规程》的规定装设符合国家标准的各级剩余电流保护装置（漏电保护器下同）；剩余电流保护装置的技术性能符合规程规定	10	资料检查，现场核查	一般问题每处扣1分；重要问题一处扣5分	

续表

序号	评价项目	标准分/分	评价方法	评分标准及方法	评价依据
7.4.2.5	漏电保护装置运行管理制度健全；各级漏电保护装置台账齐全、规范；按规定对漏电动作保护器检测维护，相关技术资料齐全、规范；未发现将总保护和中级保护退出运行的现象，保护装置的安装率、投运率和合格率达到100%	20	查阅资料，现场检查	无运行管理制度或技术台账不得分；制度或技术台账不够健全扣4分；发现一处漏电保护退出运行扣2分	
7.4.2.6	制订低压设备各类标示的设置规定；设备名称、编号和安全警示等标志正确、齐全、醒目，符合规定	10	资料检查，现场核查	无设置规定扣5分，安装不符合要求每处扣1分	四川能投《安全设施标准化手册》
7.4.2.7	应采取的防雷接地、工作接地、保护接地、保护接零及重复接地措施正确完备，符合规程规定；接地装置的接地电阻符合规程规定；接地体的材质规格以及埋设深度符合规程规定	10	查阅资料，现场抽查	不符合要求每处扣2分	
7.4.2.8	配电箱（室）及箱（室）内电器安装正确完好，各类产品符合国家质量标准，名称、编号、相色及负荷标志齐全、清晰、明确；配电箱（室）的进出引线采用具有绝缘护套的绝缘电线，穿越箱壳（墙壁）时加套管保护；室内、外配电箱箱底距地面高度符合规程规定	10	现场检查	不符合要求每处扣2分	
7.4.2.9	配电变压器出口开关的选型应与配电变压器容量相匹配；各级开关配置应满足选择性要求	10	现场检查	一处不符合要求扣2～5分	
7.4.2.10	低压绝缘线路应根据实际设置停电工作接地点	10	现场检查	不符合要求每处扣2分	

续表

序号	评 价 项 目	标准分/分	评价方法	评分标准及方法	评价依据
7.4.2.11	穿越和接近导线的电杆必须装设拉线绝缘子，拉线绝缘子的安装符合规程要求	10	现场检查	不符合要求每处扣2分	
7.4.2.12	定期开展负荷监测工作，配电变压器负荷控制及三相不平衡度符合规程要求，检测记录正确、完整、规范	10	查阅检测记录和相关资料	不符合要求每处扣2分	
7.4.2.13	接户线与进户装置（含计量装置、接户线、进户线）符合《农村低压电力技术规程》DL/T 499的要求	10	查阅资料	不符合要求每处扣2分	
7.4.3	具备下列技术资料： 1. 低压台区图 2. 线路及设备台账、清册 3. 剩余电流保护装置技术台账 4. 剩余电流保护装置检测记录 5. 缺陷记录 6. 检修记录 7. 维护（产权）分界点协议书（合同），用户专线代维协议 8. 低压线路及设备巡视记录 9. 防护通知书 10. 交叉跨越记录 11. 事故、障碍记录 12. 工作日志 13. 企业规定的其他技术资料和工作记录	20	查阅技术档案	每差一种技术资料扣2分	
7.5	**技术管理**	**120**			
7.5.1	线路及设备运行维护产权分界点明确、无空白点，有正式书面依据	10	查阅管理规定，分界协议书，对照检查台账资料	不符合要求每处扣2～3分	

续表

序号	评　价　项　目	标准分/分	评价方法	评分标准及方法	评价依据
7.5.2	有线路及设备变动管理规定；变动申报和通知程序符合规定；变动竣工投运前及时移交、更改有关图纸、资料	10	查阅管理规定、变动申报和通知有关图纸资料、现场规程等	无变动管理制度不得分；图纸资料竣工后不能按时移交、更改扣2～5分	
7.5.3	电力设施保护与安全用电的宣传工作，有计划、有措施、有总结；铁塔和拉线按规定采取了技术防盗措施；按照《电力设施保护条例》的要求采取了保护电力设施的必要措施	10	现场抽查，核对资料	无工作计划、措施或总结不得分；有一处防盗措施不落实扣3分；发生外力破坏事故又未采取防范措施的不得分	
7.5.4	避雷器按规定进行预防性试验，接地电阻定期进行检测	10	查阅历年试验报告和检测记录	不符要求每处扣2～5分	
7.5.5	设备缺陷管理制度健全，设备缺陷分类标准具体明确	10	查阅制度文本	无管理制度不得分；设备缺陷分类标准不具体、不明确扣2～5分	
7.5.6	设备缺陷登记、上报、处理、验收等程序实现闭环控制，严重缺陷、危急缺陷在规定时间内得到处理	10	查阅相关技术资料	未实现闭环控制不得分；严重、危急缺陷得不到及时处理不得分并加扣5分	
7.5.7	设备缺陷记录完整、定性正确，处理及时，定期对缺陷情况进行分析，有缺陷月报表，有消缺率的考核	10	查阅相关技术资料	缺陷记录有一处差错扣1分；不能定期开展缺陷分析扣2～5分，无缺陷报表扣3分，无消缺率考核扣5分	
7.5.8	事故巡查及抢修处理的组织和管理办法健全，事故巡查及抢修处理的程序和方法正确，接到故障报告或通知后，能在规定的时间内完成事故处理	10	查阅管理办法文本	不符合要求扣5～10分	

续表

序号	评价项目	标准分/分	评价方法	评分标准及方法	评价依据
7.5.9	有事故备品清册、账物相符，事故抢修用品（包括抢修机具）齐全，能满足实际工作需要	10	现场检查	无清册扣5分，账物不符扣2～5分	
7.5.10	事故备品的检查试验和保管存放符合规定	10	查看事故备品库房及相关资料	备品完好率达不到要求扣5分，保管存放达不到要求扣2～5分	
7.5.11	汛前完成防汛大纲规定的防汛检查并填报防汛检查表	10	查防汛检查表	未检查，未填表不得分	
7.5.12	新线路新设备投运；交接验收合格且移交技术资料	10	查阅交接设备资料	未履行验收，交接手续不得分，技术资料交接不全扣2～5分	
7.6	**运行管理**	**115**			《架空输电线路运行规程》DL/T 741
7.6.1	编写本单位的现场运行规程，内容全面、编写规范，可操作性强	15	查规程	无本单位运行规程不得分，内容未结合本单位实际不得分，有重大不足每处扣5分	
7.6.2	有编写、审核、批准人名单，有发布实施本规程的单位通知文件	10	查规程查通知文件	无名单不得分，无通知文件扣5分	
7.6.3	及时修订、复查运行规程： 1. 有变化及时补充修订 2. 每年进行一次复查修订 3. 每3～5年进行一次全面修订印发 4. 补充修订应严格履行审批手续	15	查规程	每一小条达不到要求扣5分	

续表

序号	评　价　项　目	标准分/分	评价方法	评分标准及方法	评价依据
7.6.4	新规程发布到实施期间组织有关人员学习，实施前考试，考试合格上岗	10	查考试记录	未考试不得分，不及格者未补考每人扣5分	
7.6.5	运行单位每年组织一次规程考试，班组每季度组织一次规程考试	10	查考试记录	未考试不得分，不及格者未补考每人扣5分	
7.6.6	运行分析会，运行单位每年至少两次，运行班组每月一次	10	查分析会记录	未开分析会不得分，分析记录不规范扣5分	
7.6.7	认真执行倒闸操作制度、防误闭锁制度，正确地进行倒闸操作，合理的布置安全措施	10	现场检查两票，调度命令记录及安全记录	无制度不得分，执行不规范每次扣2～5分	
7.6.8	绝缘工具、带电作业工具按规定进行试验、有试验记录	10	查阅试验记录	未按规定试验扣5～10分工具无试验标签每件扣2分	
7.6.9	根据巡视结果进行交叉跨越、限距、弧垂测量	10	查阅现场记录、工作记录	根据巡查结果应测而未测试扣2～3分；测试不合格未安排处理每处扣5分	
7.6.10	低压网络每个台区的首末端每年至少测量电压一次，记录完整、正确	10	查阅测试记录	实测率不足扣2～5分；电压不合格未采取措施扣2～5分	
7.6.11	应配备各级调度规程（根据调度关系）	5	现场检查	未配备（最新版）扣5分	
7.7	**线路巡视**	**60**			《架空输电线路运行规程》DL/T 741
7.7.1	有本单位的线路巡视管理制度	10		无制度不得分，不规范扣5分	
7.7.2	有本单位的线路巡视岗位责任制	10		无责任制不得分，无考核扣5分	

续表

序号	评价项目	标准分/分	评价方法	评分标准及方法	评价依据
7.7.3	按本单位线路现场运行规程和巡视制度规定进行定期巡视、故障巡视、特殊巡视、诊断巡视、监督巡视，并做完整巡视记录，记录保持一年	20	查阅巡视制度、巡视及缺陷记录。现场核查	无巡视记录不得分；巡视不到位，记录不完整扣5～10分，记录不规范每处扣1分，未保持一年扣5分；评价期内因巡视不及时、不到位造成事故（障碍）不得分	
7.7.4	根据实际情况进行故障巡视，特殊巡视，夜间交叉和诊断性巡视，有巡视计划，有记录	10	查巡视记录	无记录不得分，应巡未巡一次扣5分	
7.7.5	监察性巡视，运行单位领导、运行管理人员为了解线路运行情况，检查指导巡线人员工作而进行的监察性巡视每年至少一次并有记录	10	查巡视记录	未巡视不得分，无记录不得分，无指导意见不得分	
7.8	**线路维护**	**100**			《架空输电线路运行规程》DL/T 741
7.8.1	有线路维护计划，按周期维护的项目有维护周期表，并滚动执行，维护工作应列入月度工作计划	15	查计划，查周期表	无计划扣10分，无周期表扣10分	
7.8.2	杆塔坚固螺栓，新线路投入一年后进行，以后每5年紧固一次，有记录	10	查记录	未开展不得分，无记录不得分，记录不全扣5分	
7.8.3	绝缘子清扫每年一次，防污重点地段，缩短周期，逢停必扫，有记录	10	查记录	未开展不得分，无记录不得分，记录不全扣5分	
7.8.4	线路防振和防舞动装置维护调整每1～2年一次，有记录	10	查记录	未开展不得分，无记录不得分，记录不全扣5分	

续表

序号	评价项目	标准分/分	评价方法	评分标准及方法	评价依据
7.8.5	砍修树、竹每年一次，有问题随时进行	10	查记录，工作计划	未开展不得分，未及时砍剪扣5分，构成严重缺陷不得分	
7.8.6	修补防鸟设施和拆巢每年一次，有问题随时进行	10	查记录，工作计划	未开展不得分，未及时扣5分，构成严重缺陷不得分	
7.8.7	杆塔铁件防腐，做到无严重腐蚀铁件	10	查记录，工作计划	有严重腐蚀铁件一处扣5分	
7.8.8	接地装置，防雷设施，更换绝缘子，调整更新拉线，金具等，根据检测和巡视报告及时处理	15	查记录，查缺陷	未及时处理每处扣5分，构成严重缺陷不得分	
7.8.9	补齐线路号牌、警示、防护标志、色标等	10	查记录	差一处扣2分	四川能投《安全设施标准化手册》
7.9	**检修管理**	**130**			
7.9.1	有年度检修计划，是技改大修项目的应纳入技改大修计划中	10	查计划	无计划不得分	
7.9.2	月度工作计划中有检修计划内容且与年度检修计划相衔接	10	查计划	年度计划与月度计划未衔接扣5分	
7.9.3	需要停电配合的应有调度下达的月度停电计划	10	查计划	无停电计划不得分	
7.9.4	有经审批的线路检修规程（或检修作业指导书）	10	查规程或指导书	无检修规程或指导书不得分，内容有重大漏错扣5分	
7.9.5	进行优化综合检修，按可靠性要求，先算后停，协调工作，统筹安排	10	抽查停电工作计划	不符合要求视情况每次扣2～5分	

续表

序号	评 价 项 目	标准分/分	评价方法	评分标准及方法	评价依据
7.9.6	能开展带电作业的尽量开展带电作业，严格按规定填写记录，执行带电作业操作规程	10	查阅带电作业计划及完成情况记录	未按计划进行带电作业或记录不规范每次扣2分	
7.9.7	开工前应办理工作票和安全施工作业票	15	查办票情况	未办票不得分，票不规范每处扣5分	
7.9.8	开工前应层层进行安全技术交底，安全交底应有文字资料，交底双方要签字	15	查安全交底资料	未交底不得分，无双方签字扣10分	
7.9.9	现场安全措施应落实，特别是隔离措施，个人防护措施，监护措施，应急救援措施	15	查措施	无任一措施不得分，措施不完备每处扣5分	
7.9.10	带电作业、起重作业、焊接作业、登高作业、爆破作业等特种作业人员应持证上岗	15	查持证情况，未年审证视为无证	无证作业每人扣5分	
7.9.11	检修完工后有检修工作总结	10	查检修总结	无总结不得分，不完善扣5分	
7.10	**电气测试设备管理**	**60**			
7.10.1	试验设备的数量配置满足实际工作要求，并建立本单位试验设备台账	10	实际核查	台账未建立不得分；配置不全，缺一种扣2分	
7.10.2	试验设备的性能满足设备试验实际要求，并按规定进行定期试验和检测	20	查阅试验报告、资料	有一种试验设备不按期试验扣5分	
7.10.3	试验设备管理制度健全，管理责任明确，日常检查维护正常开展	10	现场检查，资料查阅	无制度或责任不清不得分，日常维护不符合要求每处扣2分	
7.10.4	购置的试验设备生产厂家具有相应资质，产品合格证、使用说明书、试验报告、出厂检验报告等有关技术资料齐全	10	现场检查，资料查阅	缺少一种扣2分	

续表

序号	评 价 项 目	标准分/分	评价方法	评分标准及方法	评价依据
7.10.5	试验设备保管符合规定，各类设备存放规范，设备铭牌、名称、编号完整、清晰、正确	10	现场检查，资料查阅	一处不符合要求扣2分	
8	**电网运行**	**1035**			
8.1	**专业规程标准**	**35**			
8.1.1	应配备的国家、行业颁发的规程标准： 1.《电力系统自动低频减载负荷技术规定》DL 428 2.《电力系统安全稳定导则》DL 755 3.《农村低压电力技术规程》DL/T 499 4.《电力调度自动化系统运行管理规程》DL/T 516 5.《城市中低压配电网改造技术导则》DL/T 599 6.《架空绝缘配电线路设计技术规程》DL/T 601 7.《电力系统安全稳定控制技术导则》DL/T 723 8.《架空输电线路运行规程》DL/T 741 9.《电力系统调度自动化设计技术规程》DL/T 5003 10.《电力系统电能质量技术管理规定》DL/T 1198 11.《农村电力网规划设计导则》DL/T 5118	20	现场检查	差一项（最新版）扣3分，无清册扣5分	
8.1.2	梳理和识别，定期更新和发布	10	查相关文件	未定期更新扣5分，未定期发布扣5分	
8.1.3	应配备各级调度规程（根据调度关系）	5	现场检查	未配备（最新版）扣5分	

续表

序号	评价项目	标准分/分	评价方法	评分标准及方法	评价依据
8.2	**高压电网系统稳定管理**	**160**			国家能源局《防止电力生产事故的二十五项重点要求》
8.2.1	电网结构	30			《电力系统安全稳定导则》DL 755
8.2.1.1	电网受端有多条受电通道，每条通道输送容量不超过系统最大负荷10%～15%	10	查通道数和输送容量	受电通道数达不到要求不得分，任一条通道容量超过15%扣5分	
8.2.1.2	220kV变电主设备线路保护配置双重化	20	查保护配置，查互感器绕组	无两套独立保护不得分，各套保护的电流电压不是取自于互感器不同绕组扣10分	
8.2.2	系统稳定计算分析	20			《电力系统安全稳定控制技术导则》DL/T 723
8.2.2.1	有主网和局部网稳定计算分析	10	查分析计算	无分析计算不得分（按$N-1$逐件分析）	
8.2.2.2	有依据计算分析制订的电网安全稳定控制措施	10	查制订的措施	无措施不得分	
8.2.3	电网安全运行管理	60			
8.2.3.1	禁止超稳定极限值运行，有一定备用容量	10	查极端运行状况	无备用容量不得分	
8.2.3.2	解决了影响安全稳定的电磁环网	10	查环网改造情况	有电磁环网至今未解决的不得分	
8.2.3.3	低频、低压减负装置和其他安全自动装置足额投入运行	10	查装置投运情况	一处未投扣5分	

续表

序号	评价项目	标准分/分	评价方法	评分标准及方法	评价依据
8.2.3.4	加强开关检修改造，提高分闸速度，220kV小于60ms	20	查检测数据	达不到要求一处扣10分	
8.2.3.5	主设备保护为快速保护	10	查保护配置	差一处不得分	
8.2.4	系统电压管理	50			
8.2.4.1	无功负荷能做到分层（电压），分区基本平衡	10	查无功配置	不能分层平衡扣6分，不能分区平衡扣8分	
8.2.4.2	功率因素达到规定标准。(并网机组额定出力时，滞向功率因素不低于0.9，新机组满负荷，不低于0.95，老机组不低于0.97，主变压器高压侧最大负荷不低于0.95，最小负荷高于0.95，高压用户不低于0.95)	20	查功率因素检测值	任一规定达不到要求扣6分	
8.2.4.3	在电压偏差时及时调整主变分接开关和无功补偿设施	10	查调整记录	未及时调整一次扣5分	
8.2.4.4	在无功潮流变化时及时投退无功补偿设备	10	查投退记录	未及时调整一次扣5分	
8.3	**城市电网**	**370**			《10kV及以下架空配电线路设计技术规程》DL/T 5220
8.3.1	城市电力网发展规划	100			
8.3.1.1	有电网规划领导小组，主管部门明确，有专职（责）人员	20	查阅有关文件资料	机构、人员不落实不得分	
8.3.1.2	有无本地区近期（5年）、中期（10～15年）、远期（20～30年）城网规划（低压规划为近期、高压、中压规划以中远期为目标）并经当地人民政府审批城网建设中的线路走廊、电缆通道、变（配）电缆用地已上报城市规划管理部门预留	20	查阅规划设计文本及本单位和上级审批文件	无近期或中期规划不得分；无远期规划扣3～5分	

续表

序号	评 价 项 目	标准分/分	评价方法	评分标准及方法	评价依据
8.3.1.3	城网规划编制的主要流程和主要内容应符合要求、负荷预测应有2～3个方案	20	查阅规划设计的全部内容	规划内容不符要求扣3～5分，仅有一个负荷预测的扣5分	
8.3.1.4	根据经济、技术条件制订了本单位的《城网规划实施细则》	10	查阅实施细则内容详细、技术先进、可操作性强	无实施细则不得分，细则有漏错不实的每处扣2～5分	
8.3.1.5	负荷预测利用计算机建立数据库；不同的预测方法相互校核	10	负荷预测资料查看计算机数据库，检查不同预测方法的校核结论	无负荷预测数据库扣5分；数据库内容不全扣2～3分；无两种及以上不同预测方法校核扣2分	
8.3.1.6	规划编制采用先进的计算机软件	10	查阅利用计算机软件编制规划的情况	未正常使用计算机软件编制规划不得分	
8.3.1.7	规划修订中远期一般5年修编一次，近期应每年滚动修正一次。遇到城市规划和电力系统规划进行调整和修改后，负荷预测有较大变动时，电网技术有较大发展时，城网规划应作相应修正	10	查阅规划设计的原本及历年修改本或部分内容修正文件	近期未修编扣5分，中远期未修编扣3分	
8.3.2	电压等级符合城市电网规划要求	10	查阅规划资料及地区电力系统图；查阅运行资料	不符合电压等级的非标准电压且无改造规划不得分；非标准电压有改造规划不落实扣5分；一个地区同一电压城网的相位、相序不相同，每有一处扣2分	
8.3.3	城网供电可靠性用$N-1$准则，保证供电安全和满足用户用电	70			

续表

序号	评价项目	标准分/分	评价方法	评分标准及方法	评价依据
8.3.3.1	220～35kV变电所配置两台及以上变压器，当失去一台变压器时，负荷自动转移，且短时过载容量不超过1.3，过载时间不超过2h	10	查阅规划设计及运行资料	每处无备用容量不得分；备用容量不足扣3～5分	
8.3.3.2	高压线路由两个及以上回路组成，一回停电，另一回不过载	10	查阅规划设计及运行资料	无双回路不得分；备用容量不足扣3～5分	
8.3.3.3	变电站进出线母线、变压器等容量配合满足要求	10	查阅规划设计及运行资料	变电站进出线、母线、变压器容量不配合，影响负荷，每处扣5分	
8.3.3.4	中压架空配电网为多分段、多联络开式环网供电；可以实现故障段隔离、负荷转移；电缆配电网采用两个及以上回路供电，一回停电，其余电缆不应过载	10	查阅配电网络图	线路（含线路断路器）无备用容量每条扣2分；备用容量不足扣1分；未实现环网供电不得分	
8.3.3.5	10（20）kV/380V配电站宜配置两台及以上的变压器，当失去一台变压器时，负荷自动转换，另一台不超过短时过载容量	10	查阅运行资料现场检查	按单台配电站占总配电站的百分数大于50%扣2～5分；备用容量不足扣2分	
8.3.3.6	低压配电网树枝状或开式环网供电，当一台配变或电网故障时，允许部分停电，应尽量由低压操作转移负荷	10	查阅配电网络图及运行资料	低压配电网每一台配变或电网故障，低压干线不能转移重要负荷，扣2分	
8.3.3.7	有重要用户允许停电容量和恢复供电的目标时间	10	查阅重要用户资料运行记录及事故、障碍统计资料	不满足客户用电的程度，每处扣2分	
8.3.4	城网中各级电压变电容载比配备符合规划设计的要求，200kV电网1.6～1.9，35～110kV电网1.8～2.1	20	查阅规划设计	无各极电压变电容载比计算的不得分，容载比低于导则规定的每处扣5分	

续表

序号	评 价 项 目	标准分/分	评价方法	评分标准及方法	评价依据
8.3.5	无功配置及运行	70			
8.3.5.1	规划期内无功配置容量符合无功补偿度原则，即高峰负荷时功率因素达到0.95，低谷时不向系统倒送无功	15	查阅规划设计	不符合无功补偿度原则扣5～15分	
8.3.5.2	各级变电站配置的无功容量符合规定	10	查阅无功技术管理资料	无功不符要求，每站扣2分；总容量不符要求扣5～10分	
8.3.5.3	中压用户无功补偿容量满足功率因数达到0.95的规定	10	查阅用电管理（监察及功率因数）资料	客户无功补偿不足，每户扣2分	
8.3.5.4	根据规划设计和系统运行情况配置了并联电容器等无功设备	10	查阅图纸、无功技术管理资料及调度电压无功运行资料	未按需要装设并联电容器等无功设备，每站扣2分	
8.3.5.5	高压并联电容器装置自动投切装置投入使用	10	查阅无功技术管理资料	未按需要装设电压无功综合控制装置，每站扣2分	
8.3.5.6	无功补偿设备按规定投入运行	15	查阅无功技术管理和电网运行资料	无功补偿设备不能按规定投入，每一处扣1分	
8.3.6	城网各变电站和母线短路电流未超过控制标准	20	查阅规划设计和系统运行年分析资料、开关设备技术管理资料	超过导则规定未经论证，未采取控制措施扣5分	
8.3.7	电压偏移和电压监控	20			
8.3.7.1	电压偏移应符合规定标准即35kV及以上供电电压正负偏差的绝对值之和不超过额定电压的10%；10kV及以下电压允许偏差为额定电压的±7%	10	查阅运行资料及事故报告	电压偏移超标构成障碍扣5分；电压偏移超标构成事故扣10分	

续表

序号	评价项目	标准分/分	评价方法	评分标准及方法	评价依据
8.3.7.2	变电站及用户端的电压监测点A、B、C、D类设置及电压合格率符合国家有关规定	10	查阅电压监测点设置计划及规划资料、变电站主接线图、现场运行资料	监测点不够扣2～5分；电压合格率不符合要求且未分析原因采取措施扣2～5分	
8.3.8	频率偏差和低频减载	40			
8.3.8.1	电力系统频率偏差不超过国家标准	10	查阅运行资料及事故报告	发生频率障碍扣5分；频率事故扣10分	
8.3.8.2	按上级调度部门下达的自动低频减负荷方案编制本地区的实施方案	10	查阅年度自动减负荷方案	低频减载容量不满足要求扣5～10分，无实施方案不得分	《电力系统自动低频减负荷工作管理规程》DL 428
8.3.8.3	自动减负荷装置足够、按规定投入	10	查阅调度运行、低频保护投入情况统计资料、每月分析报告	自动低频减载装置数量不足或不能全部投入（含用户）扣5～10分	
8.3.8.4	调度部门编制了手动低频减负荷事故拉闸顺序表经批准后报上级调度备案，并发给各有关电厂、变电站和用户执行	10	查阅事故拉路序位表	无事故拉路序位表不得分	
8.3.9	产生谐波电流使系统电压波形畸变的用电设备，采取了措施限制注入电网的谐波电流达到国家规定标准	20	查谐波管理及生产、用电统计资料	对谐波源未普测扣不得分；对新报装谐波源客户未核查或无治理措施每户扣10分；对已查出的不符要求的谐波源客户无治理措施扣10分	《电力系统电能质量技术管理规定》DL/T 1198
8.4	**城市中低压配电网**	**170**			
8.4.1	中压配电网分成若干相对独立的分区配电网。分区应有明确的供电范围，一般不应交错重叠，每个分区至少有两个及以上的电源供电	20	现场检查、查阅图纸资料	分区配电网交错重叠，尚未安排调整扣10分；只有单电源的每处扣5分	

续表

序号	评 价 项 目	标准分/分	评价方法	评分标准及方法	评价依据
8.4.2	中压配电网接线	50			《架空绝缘配电线路设计技术规程》DL/T 601
8.4.2.1	中压架空配电网采用环网布置、开环运行的结构，主干线和较大的支线按规定装设分段开关，相邻变电站及同一变电站馈出的相邻线路之间装设联络开关	10	查阅图纸、资料、现场检查	应装分段开关而未装的每处扣2分，应装联络开关而未装的每处扣3分	
8.4.2.2	中压电缆网的结构形式采用单环或双环环网布置开环运行的电缆网络；电缆线路的分支建设环网开闭箱或分支箱	10	查阅图纸、资料、现场检查	未形成电缆环网扣5分；未改电缆开关为开闭箱或分支箱的每处扣2分	
8.4.2.3	线路（架空和电缆）的正常负荷控制在安全电流的2/3以下	10	查阅配电调度运行资料、现场检查	线路负荷达到70%以上的，每路扣2分	
8.4.2.4	中压配网应有较大的适应性，按长期规划一次选定导线截面，且不小于$70mm^2$	10	查阅配电运行资料	影响正常运行不得分，影响负荷转移的每处扣5分	
8.4.2.5	10kV网络的供电半径符合电压损失允许值、负荷密度、供电可靠性并留有一定裕度的原则	10	现场检查、查阅图纸资料、负荷及电压监测数据	供电半径过大造成末端电压不合格的每处扣2分	
8.4.3	低压配电网	30			《架空绝缘配电线路设计技术规程》DL/T 601
8.4.3.1	低压配电网实行分区供电，有明确的供电范围；低压架空线路不得超越中压架空线路的分段开关	10	现场检查、查阅图纸资料	有超越中压线开关的每处扣2～5分	

续表

序号	评 价 项 目	标准分/分	评价方法	评分标准及方法	评价依据
8.4.3.2	城市中压配电所至少有两回进线，两台变压器，相邻变压器低压干线之间装设联络开关、熔断器，正常情况下各变压器独立运行，事故时经倒闸操作后继续向用户供电	10	现场检查、查阅图纸资料	不符合要求每处扣2分	
8.4.3.3	低压干线、支线满足负荷的需要；供电半径一般不大于400m；市区一般不大于150～250m	10	现场检查、查阅图纸资料	供电半径过大影响末端电压质量的每处扣3～5分	《城市中低压配电网改造技术导则》DL/T 599
8.4.4	中低压配电网在下列地区无条件采用电缆线路供电时应采用架空绝缘配电线路： 1. 在高层建筑群地区 2. 人口密集、繁华地区 3. 绿化地区及林带 4. 污秽严重地区已经与建筑物不满足安全距离的地区	20	查阅运行资料、现场检查	不符要求的每处扣3分	《架空绝缘配电线路设计技术规程》DL/T 601
8.4.5	防止客户反送电	20			
8.4.5.1	多路电源供电的重要客户或有自备发电装置的客户应采取防止反送电的技术措施（备自投、联锁装置、调度操作等）	10	查阅双电源统计资料、现场检查	不符要求每处扣5分	
8.4.5.2	装有不并网自备发电机的客户应向用电管理部门登记、备案	10	查阅统计资料、现场检查	无登记资料的不得分，登记不全的扣5分	
8.4.6	配电系统自动化	30			
8.4.6.1	编制了配网自动化规划，其目标内容、功能具有先进性、实用性	10	查阅配网自动化规划及现场检查	未制定规划不得分；目标内容、功能不符要求扣5分	

续表

序号	评 价 项 目	标准分/分	评价方法	评分标准及方法	评价依据
8.4.6.2	与城网规划、建设与改造相结合，统筹考虑、全面安排、分步实施	10	查阅配网自动化规划、城网改造计划及现场检查	未与城网改造结合安排、不落实扣5～10分	
8.4.6.3	已运行的配网自动化部分运转正常，并逐步推广、扩大应用	10	查阅配网自动化规划及现场检查	不能正常运转和使用扣5分；配网自动化部分不能推广、扩大应用扣2分；规划不周报废扣5分	
8.5	**农村电网**	**300**			《农村低压电力技术规程》DL/T 499
8.5.1	农村电网规划	80			《农村电力网规划设计导则》DL/T 5118
8.5.1.1	有电网规划领导小组，主管科室明确，有专职（责）人员	20	查阅有关文件资料	机构、人员不落实不得分	
8.5.1.2	有本地区近期（5年）、中期（10年）、远期（20年）电网发展、改造计划	20	查阅规划资料、图纸	无近期或中期规划不得分；无远期规划扣10分	
8.5.1.3	能做到适时滚动修订电网发展规划（近中期1～2年一次，远期5年一次）	20	查阅规划原本和历年修订资料	未适时滚动修订不得分	
8.5.1.4	电网规划应根据本地经济，技术条件制订，内容符合本地区电网发展、改造要求，与上级电网规划合理衔接	20	查阅规划内容	内容不符合要求扣5～8分	
8.5.2	农村电网结构	90			

续表

序号	评 价 项 目	标准分/分	评价方法	评分标准及方法	评价依据
8.5.2.1	电源点靠近负荷中心，各级电网有充足的供电能力，下级电网具备支持上级电网的能力，变电所进出线容量配合，整体布局和网络结构合理	20	查阅规划、资料，实地核查	网架布局存在不合理处每处扣2～5分；任一变电所进出线、母线、变压器容量不配合，影响负荷分配扣5分	
8.5.2.2	根据变电站布点，负荷密度和运行管理的需要分区分片供电，供电范围不宜交叉重叠	10	查阅资料，实地核查	不符合要求但有整改计划扣5分；无整改计划不得分	
8.5.2.3	县（市）城区及重要城镇10kV主干线路实现环网布置、开环运行的结构，达到用户供电可靠性要求	10	查阅资料，实地核查	不符合要求但有整改计划扣5分；无整改计划不得分	
8.5.2.4	县城内其他配电网络采用放射式接线方式，较长的线路按规定装设分段，分支开关设备，满足有效限制故障范围，保证供电可靠性要求；企业对安装分段、分支开关有明确规定和标准	10	查阅资料，实地核查	不符合要求但有整改计划扣5分；无整改计划不得分	
8.5.2.5	供电半径符合下述要求： 1.110kV线路不超过120km，35kV线路不超过40km 2.县（市）城区中低压配电线路供电半径： 10kV线路不宜超过8km，380V、220V线路不宜超过400m，负荷密集地区不宜超过200m 3.县城内其他中低配电线路供电半径：10kV小于15km，380V、220V线路宜小于0.5km	20	查阅资料、地理接线图及运行方式安排	一处不符合要求扣2分	

续表

序号	评 价 项 目	标准分/分	评价方法	评分标准及方法	评价依据
8.5.2.6	线路（架空和电缆）的正常负荷控制在安全电流2/3以下； 容载比配备达到下列要求： 35～110kV变电所1.8～2.5； 农村配电变压器1.5～2.0	20	查阅资料，实地核查	线路负荷达到70%～100%未分路的每路扣4分；一处容载比不合格扣2分	
8.5.3	供电可靠性	60			
8.5.3.1	变电所按两台及以上变压器配置，当失去一台变压器时，负荷能正常转移，且不超过短时过载容量	20	查阅规划设计及运行资料	一处无备用容量不得分；备用容量不足扣5～8分	
8.5.3.2	县（市）城区电网至少有两座35kV及以上电压等级变电所供电，满足$N-1$原则，其他35kV及以上变电所达到二线二变压器，对暂为一线一变压器的变电所应有可靠的10（35）kV主干线与其他变电所相连互供，当任一线路、变压器检修、故障停运时，能为重要用户和变电所所用电等提供备用电源	20	查阅图纸资料，现场检查	不符合要求每处扣5分	
8.5.3.3	重要Ⅰ类用户有可靠的备用电源（含自备电源）；双电源或多电源用户，各电源之间有可靠的机械或电气连锁，任何情况下不得向电网反送电	20	核查Ⅰ类用户、多电源用户的供电方式相关资料，现场抽查	一户不符合要求不得分	
8.5.4	无功补偿	40			
8.5.4.1	无功配置容量符合无功补偿原则，无功容量满足功率因数有关规定	10	查阅规划设计、技术资料，现场抽查	功率因素达不到规定值每处扣2分	
8.5.4.2	各级变电所配置的无功容量符合规定	10	查阅规划设计及运行资料	变电所无功容量不符合要求每处扣2分	

续表

序号	评 价 项 目	标准分/分	评价方法	评分标准及方法	评价依据
8.5.4.3	用户无功补偿容量满足功率因素的要求	10	查阅用电管理资料	用户无功补偿不足，一户扣2分	
8.5.4.4	无功补偿设备按规定投切	10	查阅电网运行资料	一处未按规定投切扣1分	
8.5.5	低频减载	30			《电力系统自动低频减载负荷技术规定》DL 428
8.5.5.1	按上级部门下达的自动低频减负荷方案编制本地区实施方案	10	查阅编制的年度低频减负荷方案	无方案不得分	
8.5.5.2	配置自动低频减负荷装置足够，按规定投入	10	查阅调度运行、低频保护投入统计资料	自动低频减负荷装置不足或不能投入扣5～8分	
8.5.5.3	编制手动低频减负荷事故拉闸顺序表至经当地政府批准	10	查阅事故拉闸顺序表	未制订不得分，无批准手续扣5分	

9　××供电公司配电网生产设备安全风险评价总结报告

9.1　××供电公司配电网生产设备安全风险评价总结

××供电公司配电网生产设备安全风险评价总结如图 9-1 所示。

××供电公司配电网生产设备安全风险评价总结

风险评价专家组成员名单：

风险评价专家组组长：

年　　月　　日

图 9-1　××供电公司配电网生产设备安全风险评价总结

9.2 ××供电公司配电网生产设备安全风险等级

9.2.1 企业配电网生产设备安全风险评价得分率见表9-1。

表9-1 企业配电网生产设备安全风险评价得分率

评估内容	标准分值/分	实际得分/分	得分率/%
基本状况	160		
变电一次设备	1340		
电气二次设备	1690		
变电设备运行	930		
变电设备检修	500		
输电线路	1250		
配电线路和设备	1685		
电网运行	1035		

9.2.2 企业配电网生产设备安全风险等级和对应安全星级的划分见表9-2。

按照评价结果，××供电公司配电网生产设备安全风险等级为：＿＿＿＿＿＿；对应安全星级为：＿＿＿＿＿＿。

表9-2 企业配电网生产设备安全风险等级和对应安全星级的划分

电力生产设备安全风险等级	对应安全星级	风险评价得分率	
可忽略	★★★★★	$A>90$	A为得分率 $A=\sum$实得分/$\sum$(标准分－无关项分)
可靠	★★★★	$90\geqslant A>75$	
临界	★★★	$75\geqslant A>60$	
严重	★★	$60\geqslant A>50$	
致命	★	$A\leqslant 50$	

9.2.3 ××供电公司配电网生产设备不可接受的安全风险：＿＿＿＿＿＿。

9.3 ××供电公司配电网生产设备安全风险评价总分表

××供电公司配电网生产设备安全风险评价总分表见表9-3。

表9-3 ××供电公司配电网生产设备安全风险评价总分表

序号	评价项目	应得分/分	实得分/分	得分率/%	隐患个数/个			风险等级
					总数	主要	一般	
1	**基本状况**	**160**						
1.1	法规和制度标准	60						
1.2	生产指标	100						
2	**变电一次设备**	**1340**						
2.1	专业规程标准	30						

续表

序号	评　价　项　目	应得分/分	实得分/分	得分率/%	隐患个数/个			风险等级
					总数	主要	一般	
2.2	主变压器和高压并联电抗器	320						
2.3	高压配电装置	680						
2.4	变电站内电缆及电缆构筑物	130						
2.5	变电站站用电系统	80						
2.6	并联电容器	100						
3	**电气二次设备**	**1690**						
3.1	专业规程标准	40						
3.2	直流系统	320						
3.3	继电保护及安全自动装置	660						
3.4	通信	500						
3.5	集控站、无人值班变电站通信与自动化	170						
4	**变电设备运行**	**930**						
4.1	专业规程标准	30						
4.2	运行管理	130						
4.3	现场运行规程	90						
4.4	设备巡视检查	80						
4.5	设备缺陷管理	100						
4.6	培训工作	100						
4.7	无人值班站的运行管理	100						
4.8	集控站的运行管理	105						
4.9	计算机监控系统	100						
4.10	安全保卫管理	95						
5	**变电设备检修**	**500**						
5.1	检修规程	50						
5.2	持证修试	110						
5.3	检修计划与检修合同	70						
5.4	检修前的准备工作	70						
5.5	检修现场的安全工作	120						

续表

序号	评价项目	应得分/分	实得分/分	得分率/%	隐患个数/个			风险等级
					总数	主要	一般	
5.6	验收工作	80						
6	**输电线路**	**1250**						
6.1	架空送电线路	160						
6.2	电力电缆线路	380						
6.3	技术管理	110						
6.4	运行管理	80						
6.5	线路巡视	60						
6.6	线路检测	80						
6.7	线路维护	110						
6.8	检修管理	170						
6.9	带电作业	100						
7	**配电线路和设备**	**1685**						
7.1	架空配电线路及设备	310						
7.2	电缆配电线路	150						
7.3	农网中压配电系统	410						
7.4	农网低压配电线路及设备	230						
7.5	技术管理	120						
7.6	运行管理	115						
7.7	线路巡视	60						
7.8	线路维护	100						
7.9	检修管理	130						
7.10	电气测试设备管理	60						
8	**电网运行**	**1035**						
8.1	专业规程标准	35						
8.2	高压电网系统稳定管理	160						
8.3	城市电网	370						
8.4	城市中低压配电网	170						
8.5	农村电网	300						
	合计	**8590**						

9.4　××供电公司配电网生产设备安全风险评价结果明细表

××供电公司配电网生产设备安全风险评价结果明细表见表9-4。

表9-4　　××供电公司配电网生产设备安全风险评价结果明细表

序号	评　价　项　目	应得分/分	实得分/分	得分率/%	隐患个数/个		
					总数	主要	一般
1	**基本状况**	**160**					
1.1	法规和制度标准	60					
1.1.1	生产部门、生产车间（站、所）及其班组均应配备的国家、行业、企业颁发的法规和制度标准： 1.《中华人民共和国安全生产法》 2.《中华人民共和国电力法》 3.《生产安全事故报告及调查处理条例》国务院令第493号 4.《电力安全事故应急处置和调查处理条例》国务院令第599号 5.《电力安全事故调查程序规定》电监会第31号 6.《四川省安全生产条例》 7.《电力设施保护条例》 8.《电力设施保护条例实施细则》 9.国家能源局《防止电力生产事故的二十五项重点要求》 10.四川能投《安全生产管理标准》 11.四川能投相关生产类管理标准 12.各级安全生产管理制度（依据管理关系） 13.各级相关生产类管理制度（依据管理关系） 14.四川能投《安全设施标准化手册》	50					
1.1.2	梳理和识别，定期更新和发布	10					
1.2	生产指标	100					
1.2.1	220kV线路跳闸率≤0.55次/（百公里·年）	15					
1.2.2	110kV线路跳闸率≤0.7次/（百公里·年）	15					
1.2.3	35kV线路跳闸率≤0.8次/（百公里·年）	10					
1.2.4	安全工器具周期试验率100%	10					
1.2.5	两措计划完成率100%	10					
1.2.6	工作票合格率100%	10					
1.2.7	线路及设备一般缺陷消缺率≥90%	10					

续表

序号	评　价　项　目	应得分/分	实得分/分	得分率/%	隐患个数/个		
					总数	主要	一般
1.2.8	线路及设备危急、严重缺陷消缺率100%	10					
1.2.9	线路及设备标示牌、警告牌的健全率95%	10					
2	**变电一次设备**	**1340**					
2.1	专业规程标准	30					
2.1.1	应配备的国家、行业颁发的规程标准： 1.《电业安全工作规程（发电厂和变电站电气部分）》GB 26860 2.《电力设备预防性试验规程》DL/T 596 3.《电力工程电缆设计规范》GB 50217 4.《工业糠醛试验方法》GB/T 1926.2 5.《变压器油中溶解气体分析和判断导则》GB/T 7252 6.《电气装置安装工程接地装置施工及验收规范》GB 50169 7.《交流电气装置的过电压保护和绝缘配合》DL/T 620 8.《火力发电厂与变电所设计防火规范》GB 50229 9.《污秽条件下使用的高压绝缘子的选择和尺寸确定》GB/T 26218 10.《标称电压1kV以上交流电力系统用并联电容器》GB/T 11024	20					
2.1.2	梳理和识别，定期更新和发布	10					
2.2	主变压器和高压并联电抗器	320					
2.2.1	整体技术状况	100					
2.2.1.1	油的色谱分析合格，220kV级油中含水量合格。运行20年以上的老旧变压器绝缘油应做糠醛试验，试验合格	25					
2.2.1.2	油的电气试验（包括击穿电压、90℃的$\tan\delta$值）合格；油的其他试验项目（包括水溶性酸pH值、酸值等）试验合格	20					
2.2.1.3	交接及预防性试验完整、合格；预试未超期	20					
2.2.1.4	110kV及以上变压器发生出口短路和近区短路故障后立即进行了油色谱分析和绕组变形试验；220kV交接和大修后已进行局部放电试验	15					

续表

序号	评　价　项　目	应得分/分	实得分/分	得分率/%	隐患个数/个		
					总数	主要	一般
2.2.1.5	有危急、严重缺陷标准，在查评期的缺陷都及时得到处理	10					
2.2.1.6	8MVA及以上变压器采用胶囊、隔膜等技术措施	10					
2.2.2	整体运行工况	90					
2.2.2.1	上层油温未超过规定值；温度计及远方测温装置准确、齐全，并定期校验；温度计、控制室温度显示装置、监控系统的温度三者之间误差不超过5℃	15					
2.2.2.2	油箱及其他部件不存在局部过热现象： 1. 油箱表面温度分布正常 2. 各潜油泵轴承部位无异常高温	10					
2.2.2.3	套管引线接头处已进行远红外测试，套管爬距不满足污区要求的已采取防污闪措施	15					
2.2.2.4	高压套管及储油柜的油面正常	15					
2.2.2.5	强迫油循环变压器、电抗器冷却装置的投入和退出是按油温（或负载率）的变化来控制；冷却装置有两个独立的电源并能自动切换，且定期进行自动切换试验，潜油泵的轴承应采用E级或D级，油泵应选用转速不大于1500r/min的低速油泵	10					
2.2.2.6	净油器能正常投入，呼吸器运行及维护情况良好，气体继电器有防雨措施	10					
2.2.2.7	大、小修未超周期，检修项目齐全；110kV级及以上（含套管）已采用真空注油，大修后试验项目齐全	15					
2.2.3	主要部件技术状况	80					
2.2.3.1	铁芯不存在接地现象；绕组无变形	15					
2.2.3.2	分接开关接触良好，有载开关及操动机构无重要隐患，有载开关的油与本体油无渗漏现象，有载开关的操动机构能按规定进行检修	15					

续表

序号	评价项目	应得分/分	实得分/分	得分率/%	隐患个数/个		
					总数	主要	一般
2.2.3.3	冷却系统不存在缺陷，如潜油泵风扇等；水冷却方式保持油压大于水压（双层冷却铜管者除外）	10					
2.2.3.4	套管及本体、散热器、储油柜等部位不存在渗漏油问题	20					
2.2.3.5	变压器中性点应有两根与主地网不同干线连接的接地引下线，并且每根接地引下线均应符合热稳定校验的要求	10					
2.2.3.6	单台容量为125MVA及以上的变压器有水喷雾，排油注氮灭火系统、合成性泡沫喷雾灭火系统、其他类型的固定灭火装置，装置定期进行试验。消防泵的备用电源应由保安电源供给	10					
2.2.4	技术管理及技术资料	50					
2.2.4.1	每年有变压器运行分析专业总结报告	10					
2.2.4.2	应有如下投运前的技术资料： 1. 设备台账 2. 订货技术协议 3. 制造厂提供的设计安装图纸 4. 制造厂提供的安装使用说明书 5. 出厂试验报告 6. 交接试验报告 7. 变压器安装全过程记录（含器身吊罩检查及处理记录） 8. 变压器保护回路的安装竣工图 9. 绝缘油质化验及色谱分析报告 10. 变压器安装工程监理及验收报告 11. 备品备件清单	10					
2.2.4.3	变压器运行技术资料： 1. 历次检修记录（含大修总结） 2. 历次预试报告 3. 变压器油质化验，色谱分析和绝缘油处理记录 4. 变压器红外测温记录 5. 保护和测量装置校验记录 6. 变压器缺陷及处理记录 7. 事故异常运行记录	10					

续表

序号	评　价　项　目	应得分/分	实得分/分	得分率/%	隐患个数/个		
					总数	主要	一般
2.2.4.4	有反事故措施计划	10					
2.2.4.5	变压器运行规程、检修规程正确完整	10					
2.3	高压配电装置	680					
2.3.1	变电站各级电压短路容量控制在合理范围；导体和电器设备满足动热稳定校验要求	20					
2.3.2	母线及架构	70					
2.3.2.1	电瓷外绝缘（包括变压器套管、断路器断口及均压电容，母线外绝缘和其他设备的绝缘瓷件）的爬距配置符合所在地污秽等级要求，不满足要求的已采用防污涂料或加强清扫等其他措施	15					
2.3.2.2	电瓷外绝缘应定期清扫，做到逢停必扫；110kV及以上棒式支撑绝缘瓷瓶定期开展无损探伤检查	10					
2.3.2.3	定期监测盐密值和灰密值，测试方法正确，记录完整符合要求	10					
2.3.2.4	悬式盘形瓷质绝缘子串已按规定摇绝缘或检测零值绝缘子；母线支持绝缘子（包括隔离开关的支持绝缘子）能进行定期检查	10					
2.3.2.5	各类接点无过热情况，接点温度监视手段完善，带电普测每年不少于两次，在设备出现异常、负荷增大和依据巡视情况安排重点测温	15					
2.3.2.6	水泥架构（含独立避雷针）无严重龟裂、混凝土剥离脱落、钢筋外露等缺陷，钢架构及金具无严重腐蚀；架构满足热稳定要求	10					
2.3.3	高压开关设备（含GIS设备）	190					
2.3.3.1	断路器的容量和性能满足短路容量要求，断路器切空载线路能力符合要求，外绝缘结构，包括干弧距离、伞形、外绝缘爬距能满足当地污秽等级要求	20					

续表

序号	评 价 项 目	应得分/分	实得分/分	得分率/%	隐患个数/个		
					总数	主要	一般
2.3.3.2	断路器的操动机构转动灵活、可靠，辅助开关及二次回路绝缘良好，机构箱防潮措施落实，液压机构无漏油、打压频繁，箱体密封性能良好	20					
2.3.3.3	高压开关柜内绝缘件应采用阻燃绝缘材料（如环氧或SMC材料），严禁采用酚醛树脂、聚氯乙烯及聚碳酸酯等有机绝缘材料，手车开关的推入拉出灵活，无卡涩现象	10					
2.3.3.4	电气预防性试验项目无漏项、无超期、无不合格项目（包括油、SF_6气体等的试验项目）	20					
2.3.3.5	断路器和隔离开关大小修项目齐全，无漏项，重要反措项目（如断路器防慢分措施）落实；未超过规定检修周期（包括故障切断次数超限），有检修记录，检修总结	20					
2.3.3.6	有高压断路器设备严重和危急缺陷标准，现场检查无严重、危急缺陷，设备评价周期内缺陷及时处理	40					
2.3.3.7	应淘汰的断路器已全部淘汰；应改造的小车开关柜已全部改造；绝缘隔板材质符合要求，2005年后投运的应是无油化开关，其中真空断路器应是本体和机构一体化设计制造的产品	15					
2.3.3.8	高压开关柜室通风、防潮良好，防小动物措施落实。封堵隔离措施完善，SF_6开关室气体自动检测及报警装置完好	20					
2.3.3.9	有预防高压开关事故措施并落实，特别是预防绝缘拉杆脱落；预防拒动、误动；预防灭弧室事故；预防绝缘闪路爆炸；预防SF_6断路器事故；预防合闸电阻事故措施的制订和落实	15					
2.3.3.10	各类断路器、隔离开关的档案资料齐全： 1. 订货技术协议 2. 出厂试验报告 3. 安装使用说明书	10					

续表

序号	评　价　项　目	应得分/分	实得分/分	得分率/%	隐患个数/个		
					总数	主要	一般
2.3.3.10	4. 设计图纸 5. 安装记录 6. 交接试验和验收报告 7. 运行记录 8. 历次预试及检修试验报告 9. 缺陷记录 10. 故障开断记录	10					
2.3.4	互感器、耦合电容器、避雷器和消弧线圈	90					
2.3.4.1	设备技术性能满足规程要求	15					
2.3.4.2	现场检查无异常	15					
2.3.4.3	预试无漏项、无超期、无超标	20					
2.3.4.4	缺陷管理，有危急、严重缺陷标准，评价期内缺陷全部及时处理	15					
2.3.4.5	按反措要求对老旧设备已做相应改造，如老型互感器加装金属膨胀器进行密封改造，无改造价值的应退出运行	10					
2.3.4.6	资料齐全，符合现场实际	15					
2.3.5	阻波器	30					
2.3.5.1	阻波器导线无断股；接头无发热；销子、螺丝齐全牢固	10					
2.3.5.2	安装牢固、有防摇摆措施，与架构及相间距离符合要求	10					
2.3.5.3	无搭挂异物；架构无变形及鸟巢；阻波器内小避雷器按期进行了预试	10					
2.3.6	防误操作技术措施	110					
2.3.6.1	制订有本单位的防止电气误操作和防误装置管理规定实施细则，防误装置的运行列入现场运行规程，防误装置的检修列入检修规程	20					
2.3.6.2	户外35kV及以上开关设备实现了“四防”（不含防止误入带电间隔），防误闭锁装置正常运行	15					
2.3.6.3	户内高压开关设备实现了“五防”，防误闭锁装置正常运行	15					

续表

序号	评价项目	应得分/分	实得分/分	得分率/%	隐患个数/个		
					总数	主要	一般
2.3.6.4	闭锁装置使用的直流电源应与继电保护、控制回路的直流电源分开，交流电源应是不间断工作电源	10					
2.3.6.5	闭锁装置的维护责任制明确，维护状况良好	10					
2.3.6.6	一次模拟图板规范，与实际设备及运行方式相符	10					
2.3.6.7	解锁钥匙严格封闭管理，解锁钥匙使用有记录，记录中有使用原因、日期、时间、使用人、批准人姓名	20					
2.3.6.8	单位有防误装置运行记录	10					
2.3.7	安全设施及设备编号、标示	70					
2.3.7.1	配电室门窗应为防火材料制成，门由高压室向低压室开门窗（孔洞）、电缆进入配电室孔洞封闭严密；防小动物进入措施完善，经常开启的门应装有活动挡板	15					
2.3.7.2	装有 SF_6 断路器、组合电器的室内的安全防护措施符合要求，包括有气体自动监测装置、通风装置、自启动装置	10					
2.3.7.3	带电部分固定遮栏尺寸、安全距离符合要求；安装牢固、配置齐全、完整、关严、上锁	15					
2.3.7.4	所有电气一次设备均有调度编号，高压开关设备（断路器、隔离开关及接地开关等）安装有双重编号（调度编号和设备、线路名称）的编号牌、色标；户内柜前后都应有柜名和编号牌，字迹清晰，颜色正确，安装牢固	10					
2.3.7.5	常设警示牌（如户外架构上的“禁止攀登，高压危险”，户内外间隔门上的“止步，高压危险”等）齐全，字迹清晰	10					
2.3.7.6	控制、仪表盘上的控制开关按钮、仪表熔断器、二次回路连接片、端子排名称齐全，字迹清晰	10					

续表

序号	评价项目	应得分/分	实得分/分	得分率/%	隐患个数/个		
					总数	主要	一般
2.3.8	过电压保护及接地装置	100					
2.3.8.1	避雷针的防直击雷保护满足有关规程要求，保护范围满足被保护设备、设施和构架、建筑物安全的要求，资料图纸齐全、完整	10					
2.3.8.2	雷电侵入波保护满足站内被保护设备、设施的安全，避雷器配置和选型正确、可靠，雷电计数器安装正确，计数增加时及时抄录	10					
2.3.8.3	内过电压保护是否符合有关规程要求	20					
2.3.8.4	110kV及以上主变压器中性点过电压保护完善，避雷器和防电间隙按规程要求定期试验	10					
2.3.8.5	接地引下线的联结、焊接符合规程要求：扁钢搭接长度是扁钢宽度的两倍，三面焊实，圆钢搭接长度是圆钢直径的6倍，两边焊实，用螺栓连接时应设防松螺帽或防松垫片	20					
2.3.8.6	按规程要求定期测试接地电阻，接地电阻值合格；运行10年以上的地网已开挖检查过	10					
2.3.8.7	接地装置地线（包括设备，设施引下线）的截面，应满足热稳定（包括考虑腐蚀因素）校验要求；钟罩式变压器上下油箱间有保证电位一致的短路片	10					
2.3.8.8	重要电气一次设备及设备构架应有不同点的两根接地线与地网连接，均应符合热稳定计算要求 带电设备的金属护网、遮栏及网门应可靠接地	10					
2.4	变电站内电缆及电缆构筑物	130					
2.4.1	电缆敷设固定符合要求（转弯半径、电缆固定、排列整齐等），单相交流电缆的固定夹具不应造成闭合磁路，电缆附件安装符合规定	10					

续表

序号	评 价 项 目	应得分/分	实得分/分	得分率/%	隐患个数/个		
					总数	主要	一般
2.4.2	电力电缆和控制电缆应分沟敷设，无法分沟的应分边敷设	10					
2.4.3	电缆的屏蔽层和金属保护层的两端均应接地，电缆支架、电缆桥架两端和中间应多点接地	10					
2.4.4	电力电缆预防性试验无漏项无超标及实验数据变化异常增大现象，试验不超周期	10					
2.4.5	有定期巡视、定期维护制度并严格执行，巡视、维护记录规范，同站外单位维护分界点有文字规定	10					
2.4.6	电力电缆应有计及各类校正系数后允许载流量计算值，最大负荷电流不超过允许载流量（电缆线路限流表）	10					
2.4.7	电力电缆终端头完整清洁无漏油、溢胶、放电、发热等现象；电缆头连接点应作为变电站测温的测点，及时测温	10					
2.4.8	穿越墙壁、楼板及由电缆沟进入控制室的电缆孔洞，电缆竖井封堵严密，符合要求	10					
2.4.9	电缆沟防止积水、排水良好，沟内无杂物，电缆沟盖板不缺损，放置平稳密实，沟边无倒塌情况，支架接地良好	10					
2.4.10	电缆夹层照明良好（高度低于2.5m要使用安全电压供电），夹层内有灭火装置，装设有烟气温度报警装置	10					
2.4.11	电缆防火措施完好： 1. 电缆穿越处孔洞用防火材料封堵严密，不过火、不透光，不能进入小动物 2. 电缆夹层、电缆沟内保持整洁、无杂物、无易燃物品 3. 电缆主通道有分段租燃措施；重要电缆采用耐火隔离措施或采用阻燃电缆	10					

续表

序号	评　价　项　目	应得分/分	实得分/分	得分率/%	隐患个数/个		
					总数	主要	一般
2.4.12	电力电缆室内外终端头和沟道中电缆及电缆中间接头的标志牌符合要求；控制电缆头各处有电缆标志牌（走向、型号、芯数、载面等），地下直埋电缆的地面标志齐全符合要求	10					
2.4.13	运行单位有下列资料： 1. 全部电缆（电力、控制）清册，内容包括电缆编号，起止点，型号，电压、电缆芯数、截面、长度等 2. 电缆路径图或电缆布置图	10					
2.5	变电站站用电系统	80					
2.5.1	站用变压器至少两台，分别接于不同电压等级或不同母线，单台容量能满足站用最大负荷，两台站用变互为备用能自动切换	15					
2.5.2	为满足直流电源等的要求，220kV变电站还应具有可靠的外来独立电源站用变压器供电（或汽、柴油发电机等）	10					
2.5.3	站用变压器、配电设备技术能运行状况满足规程要求	10					
2.5.4	站用生活用电和生产用电分开，运行用电和检修用电分开	10					
2.5.5	现场检修电源箱应装漏电保护器、箱门应上锁，箱体和箱门应接地，箱门上应有安全警示语，生活电源也应设漏电保护器	15					
2.5.6	站内照明符合要求，事故照明安全可靠并定期试投	10					
2.5.7	站用电系统，图纸资料齐全符合现场实际	10					
2.6	并联电容器	100					
2.6.1	设备容量及选型符合无功配置原则，电容器耐爆容量不超标	15					
2.6.2	电容器安装符合规程要求和厂家规定。一次接线正确，氧化锌避雷器，熔断器，电熔器的断路器，串联电抗器等按规定配置安装	15					

续表

序号	评 价 项 目	应得分/分	实得分/分	得分率/%	隐患个数/个		
					总数	主要	一般
2.6.3	现场检查无异常，设备无渗漏油、无鼓肚，熔断器无锈蚀熔断，无异常响声和振动现象(串联电抗器)接地装置接地良好，连接点可靠接地，金属护栏已接地，设备清洁	20					
2.6.4	试验无漏项，无超标，无超期，重点为电容量测试，各串联段最大与最小电容比不超过2%，极对壳绝缘电阻不小于2000MΩ，对继电保护初始不平衡值进行实测，有异常时进行谐波测量，按周期测温	15					
2.6.5	技术资料档案齐全： 1. 厂家提供的图纸 2. 厂家提供的安装使用说明书 3. 出厂试验报告 4. 交接试验数据和验收资料 5. 历次预试报告 6. 检修记录 7. 缺陷记录 8. 测温记录	15					
2.6.6	按调度规定按时投入或切除备用	20					
3	**电气二次设备**	**1690**					
3.1	专业规程标准	40					
3.1.1	电气二次专业应配备的国家、行业颁发的规程标准： 1. 原国家电监会《电力二次系统安全防护规定》 2. 国家经贸委《电网与电厂计算机监控系统及调度数据网络安全防护规定》 3. 原国家电监会《电力二次系统安全防护总体方案》 4.《电业安全工作规程(发电厂和变电站电气部分)》GB 26860 5.《电力安全工作规程(电力线路部分)》GB 26859 6.《电力设备预防性试验规程》DL/T 596 7.《继电保护和安全自动装置技术规程》GB/T 14285 8.《蓄电池直流电源装置运行与维护技术规程》DL/T 724	20					

续表

序号	评 价 项 目	应得分/分	实得分/分	得分率/%	隐患个数/个		
					总数	主要	一般
3.1.1	9.《电力工程直流系统设计技术规程》DL/T 5044 10.《电气装置安装工程接地装置施工及验收规范》GB 50169 11.《交流电气装置的过电压保护和绝缘配合》DL/T 620 12.《交流电气装置的接地设计规范》GB/T 50065 13.《接地装置特性参数测量导则》DL/T 475 14.《微机继电保护装置运行管理规程》DL/T 587 15.《电力系统继电保护及安全自动装置运行评价规程》DL/T 623 16.《电力工程电缆设计规范》GB 50217 17.《电缆线路施工及验收规范》GB 50168	20					
3.1.2	通信专业应配备的国家、行业颁发的专业规程标准： 1. 国家经贸委《电网与电厂计算机监控系统及调度数据网络安全防护规定》 2.《电业安全工作规程（发电厂和变电站电气部分）》GB 26860 3.《电力安全工作规程（电力线路部分）》GB 26859 4.《蓄电池直流电源装置运行与维护技术规程》DL/T 724 5.《电力通信运行管理规程》DL/T 544 6.《电力系统微波通信运行管理规程》DL/T 545 7.《电力线载波通信运行管理规程》DL/T 546 8.《电力系统光纤通信运行管理规程》DL/T 547 9.《电力系统通信站防雷运行管理规程》DL/T 548 10.《电力系统数字调度交换机》DL/T 795 11.《微波电路传输继电保护信息设计技术规定》DL/T 5062 12.《35kV～110kV 无人值班变电所设计规程》DL/T 5103	10					

续表

序号	评价项目	应得分/分	实得分/分	得分率/%	隐患个数/个		
					总数	主要	一般
3.1.3	梳理和识别，定期更新和发布	10					
3.2	直流系统	320					
3.2.1	直流系统的蓄电池，充电装置和直流母线，配电屏的配置和运行方式，满足有关规程和反措的要求，配置要求：重要的110kV变电站、220kV变电站配置两组蓄电池，两台高频开关电源或三台相控充电装置，对原采用的“电容储能”、硅整流器、48V电池简易电源装置应改为蓄电池组供电	20					
3.2.2	技术状况	70					
3.2.2.1	直流母线电压保持在规定范围内	10					
3.2.2.2	直流系统对地绝缘情况良好	10					
3.2.2.3	绝缘监察装置和电压监察装置正常投入，并按规定周期进行定期检查（包括常规装置和微机型直流系统选检装置）	10					
3.2.2.4	直流屏（柜）上的测量表准确，并按仪表监督规定进行定期校验。电压、电流表的使用量程满足运行监视的要求	10					
3.2.2.5	充电装置的性能（包括稳压、稳流精度和波纹系数）满足有关规程和反措要求，运行工况良好，不存在严重缺陷	10					
3.2.2.6	主变压器、110kV及以上线路、母线、旁路开关等主要配电装置的控制、保护和信号回路直流电源的供电方式，符合有关规程和反措要求	10					
3.2.2.7	执行规程规定，直流回路采用具有自动脱扣功能的直流断路器，未采用交流断路器，直流断路器下一级不再接熔断器	10					
3.2.3	蓄电池	80					
3.2.3.1	蓄电池的端电压、单体蓄电池电压、浮充电流值、电解液比重和液位处于正常范围，按规定进行测量和检查；数据准确，记录齐全；测试表计（数字电压表、吸管式比重计）完好合格，定期进行校验	20					

续表

序号	评　价　项　目	应得分/分	实得分/分	得分率/%	隐患个数/个		
					总数	主要	一般
3.2.3.2	铅酸蓄电池不存在极板弯曲、脱落、硫化、极柱腐蚀和漏液等缺陷；碱性蓄电池无爬碱现象；定期进行蓄电池组的维护、清扫和检查	20					
3.2.3.3	浮充运行的蓄电池组浮充电压、电流的调节适当；补助电池进行定期充电，或设专用充电装置浮充	10					
3.2.3.4	定期进行核对性放电或全容量放电试验；能在规定的终止电压下，分别放出额定容量的50%或80%，并按规定进行均衡充电	20					
3.2.3.5	蓄电池室的通风和采暖设备良好，室温满足要求；室内设备的放火、防爆、防震措施符合规定	10					
3.2.4	直流系统各级熔断器和空气小开关的动作整定值有专人管理；定期进行核对；满足选择性动作要求，现场有直流系统定值一览表，有规格齐全、数量足够、质量合格的熔断器配件	20					
3.2.5	直流屏（柜）上的断路器、隔离开关、熔断器、继电器、表计等元件的名称编号标志完整清晰；熔断器熔件额定电流的标示规范、正确	15					
3.2.6	变电站备有足够数量、规格齐全的熔断器熔件的备件；做到定点存放，型号规格标志清晰	10					
3.2.7	事故照明及自动切换装置能正常投入；定期进行切换试验	10					
3.2.8	反措施项目设备底数清楚；有年度反措实施计划，能按期完成	25					
3.2.9	直流系统电缆应采用阻燃电缆，两组蓄电池电缆应分别铺设在各自独立的通道内，在穿越电缆竖井时，两组电池电缆应加装金属套管	15					

续表

序号	评 价 项 目	应得分/分	实得分/分	得分率/%	隐患个数/个		
					总数	主要	一般
3.2.10	专业班组和变电站，具备符合实际的直流系统图、直流接线图和熔断器（空气小开关）定值一览表	10					
3.2.11	220kV变电站直流电源装置除由本站电源的站用变压器供电外，还应具有外来可靠的独立电源站用变压器供电	25					
3.2.12	直流系统检修试验规程和现场运行规程齐全、规范，并符合实际	20					
3.3	继电保护及安全自动装置	660					
3.3.1	装置配置和运行工况	100					
3.3.1.1	主变压器、母线、断路器失灵、电容器组、电抗器、线路的继电保护和安全自动装置（简称保护装置，以下同）的配置和选型，符合规程的规定	20					
3.3.1.2	保护装置已按整定方案要求投入运行	20					
3.3.1.3	保护装置的运行工况正常	20					
3.3.1.4	保护装置运行规程符合设备实际情况、审批手续完备	20					
3.3.1.5	线路快速保护、母线差动保护、断路器失灵保护等重要保护的运行时间符合规程规定的要求，严禁无母差保护时进行母线及相关设备的倒闸操作	20					
3.3.2	保护双重化配置	100					
3.3.2.1	220kV线路全线速动保护双重化配置	10					
3.3.2.2	220kV变压器、高抗器保护按双重化配置	10					
3.3.2.3	220kV母线保护双重化配置	10					
3.3.2.4	两套保护均独立、完整，之间没有任何电气联系，互不影响，两套保护应装置在各自保护柜内	10					
3.3.2.5	两套主保护电压回路分别接入电压互感器的不同二次绕组	10					
3.3.2.6	两套主保护电流回路分别取自电流互感器互相独立的绕组	10					

续表

序号	评　价　项　目	应得分/分	实得分/分	得分率/%	隐患个数/个		
					总数	主要	一般
3.3.2.7	两套主保护的直流电源分别取自不同蓄电池组供电的直流母线段	10					
3.3.2.8	两套主保护的跳闸回路应与断路器的两个跳闸线圈分别一一对应	10					
3.3.2.9	两套主保护应配置两套独立的通信设备，两套通信设备应分别使用独立的电源	10					
3.3.2.10	220kV断路器必须具有双跳闸线圈并配置断路器本体三相位置不一致保护	10					
3.3.3	二次回路与抗干扰等电位接地网铜排（缆）的敷设符合规定，确保接地电阻不大于0.5Ω	70					
3.3.3.1	主控室、保护室、敷设二次电缆的沟道、开关场的接地端子箱及结合滤波器等处，使用截面不小于100mm²的铜排（缆）敷设与主接地网紧密连接	10					
3.3.3.2	在主控室保护室下的电缆室内敷设100mm²铜排（缆），形成等电位接地网且用不少于四根截面不小于50mm²铜排与主接地网可靠连接	10					
3.3.3.3	保护和控制屏柜下部应有截面不小于100mm²的接地铜排，与等电位地网相连，屏柜上装置的接地端子用截面不小于4mm²的多股线与铜排相连	10					
3.3.3.4	沿二次电缆沟道敷设截面不小于100mm²的铜排（缆），构建室外等电位接地网	10					
3.3.3.5	分散布置的保护就地站，通信室与集控室之间，应使用截面不小于100mm²的铜排（缆）与主接地网紧密连接	10					
3.3.3.6	保护及相关二次回路和高频收发信机等的电缆屏蔽层应使用截面不小于4mm²多股软铜线与铜排紧密相连	10					
3.3.3.7	微机保护所有二次回路电缆均应使用屏蔽电缆	10					

续表

序号	评 价 项 目	应得分/分	实得分/分	得分率/%	隐患个数/个		
					总数	主要	一般
3.3.4	反措管理	50					
3.3.4.1	反措项目的设备底数清楚；建立反措项目管理台账	10					
3.3.4.2	已制订贯彻落实上级反措文件的长期规划和年度实施计划	10					
3.3.4.3	年度实施计划已按期完成	10					
3.3.4.4	上级通报文件下达并限期完成的补充反措项目已按时完成	10					
3.3.4.5	已制订本单位防止继电保护“三误”（误碰、误接线、误整定）事故的反事故措施	10					
3.3.5	保护装置的定期检验	100					
3.3.5.1	按定检周期编制多年定检滚动计划（包括新装置一年后的全面检验，正常运行的全面检验、部分检验）	10					
3.3.5.2	根据滚动计划编制保护年度定检计划；计划项目完整规范	10					
3.3.5.3	按时完成保护定检计划；主系统主保护无超周期未定检的情况	20					
3.3.5.4	专业班组具备上级颁发的主系统复杂保护装置检验规程，或参照厂家调试大纲编制并经审核批准的本单位检验规程	10					
3.3.5.5	检验报告书的格式规范；检验项目齐全；检验结果正确；记录完整	10					
3.3.5.6	试验仪表及设备合格、保管良好，及时检验，每1～2年对微机型继电保护试验装置进行一次全面检测	10					
3.3.5.7	非电量保护装置（气体、压力释放、压力突变、温度、冷却器全停等）列入了定检计划并严格执行	10					
3.3.5.8	自动装置（自动重合闸，备自投装置、低频低压减载装置、连锁装置等）列入了定检计划并严格执行	10					
3.3.5.9	检验人员持证上岗	10					

续表

序号	评　价　项　目	应得分/分	实得分/分	得分率/%	隐患个数/个		
					总数	主要	一般
3.3.6	新投入或更改设备、回路后，保护接线正确性的检验	40					
3.3.6.1	电压互感器的二次侧电压参数的检测及定相试验，数据齐全、正确	10					
3.3.6.2	所有差动保护和方向性保护，按规定用负荷电流和工作电压检验保护回路接线及极性的正确性	20					
3.3.6.3	对于星形接线的差动保护用电流互感器二次侧中性线回路，利用负荷电流检验其可靠性（实验 $3I_0$ 回路不平衡电流为零值时，应使用模拟方法检验）并测电流变化	10					
3.3.7	需在运行中定期测试技术参数的保护（如高频保护），按规定进行测试；测试记录规范，测试数据和信号灯指示齐全、正确，测试发现异常时及时报告	10					
3.3.8	故障录波测距装置按调度部门的要求，将变压器各测电流信息录波量（模拟量和开关量）全部接入并正常投入，运行工况良好	10					
3.3.9	低频减载装置和保障系统稳定的安全自动装置，按调度部门要求，全部正常投入运行	10					
3.3.10	断路器失灵保护的接线，直流电源整定动作开关应满足规程要求	10					
3.3.11	对于各种微机保护及保护信息管理机等设备软件版本的管理工作规范；抗干扰措施完备；未经主管部门认可的软件版本不得投入运行；开关电源模件5年后及时更换	10					
3.3.12	对于高压线路阻波器、结合滤波器等高频通道设备的检修试验，建立完善的管理制度并认真执行	10					
3.3.13	线路纵联保护使用由通信专业管理的复用通道，定期进行了检验，建立了规范的运行管理制度并认真执行	10					

续表

序号	评 价 项 目	应得分/分	实得分/分	得分率/%	隐患个数/个		
					总数	主要	一般
3.3.14	继电保护机构根据有关部门提供的设备参数和运行方式资料，编制继电保护及自动装置整定方案，且审批手续符合要求；遇有运行方式较大变化或重要设备变更及时修订整定方案，并全面落实；每年进行一次整定方案校核和补充	20					
3.3.15	继电保护定值的变更，应认真执行定值通知单制度；定值通知单的签发、审核和批准符合规定，且按规定期限执行完毕；每年进行一次整定值的全面核对，每4～6年进行一次整定方案和定值校核计算	20					
3.3.16	加强继电保护维护和检验管理工作，编制有继电保护标准化作业指导书，经批准执行	10					
3.3.17	专业班组和变电站具有符合实际的保护、控制及信号回路的原理展开图和端子排接线图（或安装接线图）、检验报告；专业班组应有相关制度	20					
3.3.18	保护屏上的继电器、连接片、试验端子、熔断器、指示灯、端子排和各种小开关的状况，符合要求，名称编号标志齐全、清晰；保护屏前、后名称编号标志正确	20					
3.3.19	室外端子箱、接线盒的防尘、防潮措施完善；气体继电器顶盖已加装防雨罩或其他防雨措施	20					
3.3.20	现场及继电保护专业班组的保护定值管理、保护装置异常（缺陷）、保护的投入和退出以及动作情况的有关记录齐全；内容完善规范	20					
3.3.21	继电保护及自动装置动作情况	110					
3.3.21.1	最近一个年度的继电保护正确动作率达到上级要求	20					
3.3.21.2	最近一个年度220kV故障录波完好率达到上级要求	10					

续表

序号	评价项目	应得分/分	实得分/分	得分率/%	隐患个数/个		
					总数	主要	一般
3.3.21.3	不存在原因不明的继电保护不正确动作(只评价66kV及以上主系统保护)	20					
3.3.21.4	无由于继电保护的不正确动作造成或扩大电网事故	20					
3.3.21.5	有防“三误”(误碰、误接线、误整定)措施，不存在因人员“三误”造成的继电保护不正确动作	20					
3.3.21.6	发生继电保护装置不正确动作后，认真进行分析，按照“四不放过”的原则，制订了有效的防范措施	20					
3.3.22	有完善的继电保护监督制度并认真执行	10					
3.4	通信	500					
3.4.1	通信网结构装置	60					
3.4.1.1	制订了满足电网发展规划需求的地区通信网发展规划，逐年滚动修编	10					
3.4.1.2	220kV变电站、集控系统的110kV变电站和直属区、县局的光纤或数字微波电路覆盖率达到100%	10					
3.4.1.3	调度所与其有调度关系的重要电厂、220kV变电站(所)之间有两条通信路由	20					
3.4.1.4	调度所及同一条线路两套保护均为复用通道设备的通信站配置两组独立的直流电源分开供电；且单独配置一套检修和事故备用的可车载的机动直流电源	10					
3.4.1.5	建立了稳定可靠运行的通信网监测及管理系统，实现对重要通信站运行情况的监测和管理。监测中心站24h有人值班。各种声光告警信号接到有人值班的地方	10					
3.4.2	技术状况	80					
3.4.2.1	未发生由于通信电路和设备故障，影响发供电设备的运行操作和电力调度或复用保护投运	20					
3.4.2.2	所辖通信设备、电路月运行率达到所在电网和本地区制定的考核指标	10					

续表

序号	评价项目	应得分/分	实得分/分	得分率/%	隐患个数/个		
					总数	主要	一般
3.4.2.3	复用保护通道的主要技术指标符合有关规程要求	20					
3.4.2.4	复用远动通道的主要技术指标符合有关规程要求	10					
3.4.2.5	通信电缆每个气闭段气压保持在规定范围；充气机完好	10					
3.4.2.6	调度通信系统运行稳定可靠，调度台或电话分机配置有应急备用措施。调度录音系统运行可靠，音质良好	10					
3.4.3	运行管理	100					
3.4.3.1	建立健全了通信调度机构，实行了24h有人值班制度。通信调度的职责明确；值班人员掌握系统电路的运行情况，能指挥处理通信运行中发生的故障。通信运行方式、值班记录运行资料齐全	20					
3.4.3.2	每年春（冬）季安全大检查和专项安全大检查活动中，对查出的问题有整改计划并按期整改，有总结	10					
3.4.3.3	定期召开安全分析会。对通信事故或重大障碍进行了调查分析和制定了安全技术措施，措施落实。事故报告及时、准确、完整	10					
3.4.3.4	设备缺陷管理制度健全，缺陷记录清晰、完整，能及时消除缺陷	20					
3.4.3.5	对所辖通信站设备（含电源）及通信线路（光缆、电缆、微波、电力载波）有定期巡视检测的管理制度，按规定进行定期巡视检测；按计划对复用保护设备、电路进行了年检	20					
3.4.3.6	按规定配备了必要的测试仪器、仪表和附件、测试仪器、仪表完好、准确	10					
3.4.3.7	建立健全了通信设备备品、备件管理制度，有备品、备件清册，且账实相符	10					
3.4.4	设备维护	30					

续表

序号	评　价　项　目	应得分/分	实得分/分	得分率/%	隐患个数/个		
					总数	主要	一般
3.4.4.1	定期对微波收、发信电平进行测试，储备电平符合设计要求	10					
3.4.4.2	定期进行光端机的光发送机的平均发送光功率的测试，光接收机的灵敏度及动态范围符合传输系统设计或设备供货合同规定；光缆中未运行纤芯完好、可用	10					
3.4.4.3	定期进行电力载波收、发信电平及音频净衰耗的测试；测试结果与装机时参数无明显变化、符合设计要求	10					
3.4.5	通信电源系统	60					
3.4.5.1	设在调度所、变电站、开关站及装有复用继电保护、安全自动装置设备的通信站，装设有通信专用不停电电源。交流电源不可靠的地方，除增加蓄电池容量外，配备有其他供电方式或备用电源（如：太阳能电源或汽、柴油发电机等）	10					
3.4.5.2	定期对蓄电池进行充放电试验，试验容量达到规定要求、充放电试验方法规范。有蓄电池的缺陷记录，有整改措施、措施落实	20					
3.4.5.3	充电装置按规定维护周期进行性能和功能的检查试验，运行工况正常；交流备用电源能自动投入	10					
3.4.5.4	所有电信设备供电电源全部为独立的分路开关或熔断器，为主网同一线路提供两套保护复用通道的通信设备（含接口），由两个相互独立的通信直流电源分别供电	10					
3.4.5.5	专业班组和运行现场，具备符合实际的通信电源系统接线图和操作说明	10					
3.4.6	通信站防雷	70					
3.4.6.1	通信机房内所有设备的金属外壳，金属框架，各种电缆的金属外皮以及其他金属构件，均良好接地；通信设备的保护地线符合防雷规程的规定；通信站机房有接地布放图、引入接地点对应外墙下有“接地点引入”标志	10					

续表

序号	评价项目	应得分/分	实得分/分	得分率/%	隐患个数/个		
					总数	主要	一般
3.4.6.2	室外通信电缆、电力电缆、塔灯电缆以及其他电缆进入通信机房前已经水平直埋10m以上（深度>0.6m）；若为电缆沟则应用屏蔽电缆，且电缆屏蔽层两端接地；非屏蔽电缆应穿镀锌铁管（长度>10m），铁管两端接地；非屏蔽塔灯电缆应穿金属管，金属管两端与塔身连接；微波馈线电缆在塔上部、中部（进机房前）和塔身可靠连接	10					
3.4.6.3	进入机房的通信电缆首先接入保安配线架（箱），保安配线架（箱）性能和接地良好；引至调度所和变电站外的通信电缆空线对应接地	10					
3.4.6.4	通信机房配电屏或整流器入端三相对地装有防雷装置且性能良好	10					
3.4.6.5	通信直流电源“正极”在电源设备侧和通信设备侧有良好接地；“负极”在电源机房侧和通信机房直流配电屏（箱）内接有压敏电阻	10					
3.4.6.6	通信站防雷接地网、室内均压网、屏蔽网等施工材料、规格及施工工艺符合要求；焊接点进行防腐处理，接地系统隐蔽工程设计资料、记录及重点部位照片齐全	10					
3.4.6.7	每年雷雨季节前对通信站接地设施进行检查和维护，通信机房和微波塔的接地电阻符合要求，有定期测试报告	10					
3.4.7	保安措施	50					
3.4.7.1	通信机房（含电源机房和蓄电池室）有良好的保护环境控制设施，防止灰尘和不良气体侵入；全年室温能否保持在15～30℃之间	10					
3.4.7.2	通信机房（含电源机房和蓄电池室）有可靠的工作照明和事故照明	10					
3.4.7.3	通信机房（含电缆竖井）具备防火、防小动物侵入的安全措施	10					
3.4.7.4	通信（含电源）设备机架牢固固定，有可靠的防震措施	10					

续表

序号	评 价 项 目	应得分/分	实得分/分	得分率/%	隐患个数/个		
					总数	主要	一般
3.4.7.5	通信设备及主要辅助设备名称、编号标志准确、齐全、清晰；复用保护的设备、部件和接线端子采用有别于其他设备的显著标志牌，并注明复用保护线路名称和类型	10					
3.4.8	专业管理及技术资料	50					
3.4.8.1	地区通信网的发展规划、工程建设和安全生产由供电公司职能部门归口管理；通信专业、继电保护、调度自动化、变电等专业之间有明确的联系制度和分工界面	10					
3.4.8.2	依据上级颁发的制度和反措文件；结合本单位实际，制订了通信现场的规章、制度	10					
3.4.8.3	有本单位通信站运行值班日记，有设备定期巡检、测试、年检、消缺以及设备、备品备件、仪表台账等记录本、表格并认真填写	10					
3.4.8.4	下列技术资料齐全规范： 1. 设备说明书、图纸 2. 通信系统接线图资料 3. 电源系统接线图及操作说明 4. 配线表 5. 检修测试记录 6. 设备竣工验收资料 有通信专业的年度培训计划并组织实施；对新投产的设备组织了针对维护人员的技术培训	20					
3.5	集控站、无人值班变电站通信与自动化	170					
3.5.1	集控站、无人值班变电站通信系统	90					
3.5.1.1	地调自动化中心至有人值班集控站具有主、备两条可用的远动通道，而且可自动或手动切换；集控至无人值班被控站间具有一条可靠的且符合技术要求的远动通道，另设一条备用通道	20					

续表

序号	评价项目	应得分/分	实得分/分	得分率/%	隐患个数/个		
					总数	主要	一般
3.5.1.2	集控系统远动通道组织和通信方式选择满足远动信息传输速率及四遥监控技术要求	10					
3.5.1.3	通信设备有可靠的事故备用电源；当交流中断时，通信专用蓄电池单独供电时间能保持4h	10					
3.5.1.4	通信站防雷、设备的保护接地和过电压保护措施符合《电力系统通信站防雷运行管理规程》(DL548)的有关规定	10					
3.5.1.5	有针对无人值班变电站集控系统有关“远动通道”的管理规定，规定明确了通信专业部门在无人值班变电站集控系统规划设计、工程建设和运行维护整个过程的职责；规定了通信与调度自动化、变电等专业及相关职能部门之间的分工界面和联系制度	20					
3.5.1.6	无人值班站的审批手续完备。无人值班站同时具备以下基本条件： 1. 设备运行稳定，故障率低，设备电源可靠并能自动投入 2. 防火、防小动物、防振等安全措施完备 3. 具备完善的站内监测系统，监测信息和声光报警能稳定可靠地传送至管理中心站 4. 负责该站维护工作的通信部门应具有定期检测、巡视、排除故障的技术措施和技术保障	20					
3.5.2	集控站、无人值班变电站远动化系统	80					
3.5.2.1	远动设备(RTU)或变电站自动化系统通过国家电力公司电力设备及仪表质检中心检验合格产品；到集控站具备两路独立的远动通道(主/备双通道)。主备通道能手动切换或自动切换	10					
3.5.2.2	设备安放牢固，外壳接地良好，设备底部密封。接地线应从接地网直接引入	10					

续表

序号	评价项目	应得分/分	实得分/分	得分率/%	隐患个数/个		
					总数	主要	一般
3.5.2.3	接入远动设备的信号电缆应采用抗干扰的屏蔽电缆。屏蔽层（线）应接地	10					
3.5.2.4	远动设备与通信设备通信线路之间加装防雷（强）电击装置	10					
3.5.2.5	对于远动设备（RTU）或变电站自动化系统应提供稳定可靠的供电电源。应配备专业的不间断电源UPS或采用站内直流电源。采用UPS时，当交流电源消失后，支持供电时间不少于1h。同时，应根据厂家说明书定期进行放电/再充电试验，并有记录	15					
3.5.2.6	接入远动设备（RTU）或自动化系统的信息应能满足电网调度要求。此外，根据无人值班运行特点还应接入全站事故总信号、继电保护动作信号、UPS故障信号、火警信号等	15					
3.5.2.7	集控站值班人员应定期统计遥控正确动作率	10					
4	**变电设备运行**	**930**					
4.1	专业规程标准	30					
4.1.1	应配备的国家、行业颁发的规程标准： 1. 原国家电监会《电力二次系统安全防护规定》 2. 国家经贸委《电网与电厂计算机监控系统及调度数据网络安全防护规定》 3. 原国家电监会《电力二次系统安全防护总体方案》 4.《电业安全工作规程（发电厂和变电站电气部分）》GB 26860 5.《电力安全工作规程（电力线路部分）》GB 26859 6.《电力设备预防性试验规程》DL/T 596 7.《继电保护和安全自动装置技术规程》GB/T 14285 8.《蓄电池直流电源装置运行与维护技术规程》DL/T 724 9.《微机继电保护装置运行管理规程》DL/T 587 10.《电气装置安装工程接地装置施工及验收规范》GB 50169	20					

续表

序号	评　价　项　目	应得分/分	实得分/分	得分率/%	隐患个数/个		
					总数	主要	一般
4.1.1	11.《电力系统继电保护及安全自动装置运行评价规程》DL/T 623 12.《110kV及以上送变电工程启动及竣工验收规程》DL/T 782	20					
4.1.2	梳理和识别，定期更新和发布	10					
4.2	运行管理	130					
4.2.1	应建立的运行管理制度： 1.“两票”管理制度 2.设备巡视检查制度 3.交接班制度 4.设备定期试验轮换制度 5.防误闭锁装置管理制度 6.变电运行岗位责任制 7.运行分析制度 8.设备缺陷管理制度 9.设备验收制度 10.运行维护工作制度 11.变电站安全保卫制度 12.变电站培训制度 13.事故处理制度（预案）	20					
4.2.2	应建立的记录： 1.运行记录 2.负荷记录 3.巡视记录 4.继电保护及自动装置检验记录 5.蓄电池测量记录 6.设备缺陷记录 7.避雷器动作检查记录 8.设备测温记录 9.解锁钥匙使用记录 10.设备检修记录 11.设备试验记录 12.断路器故障跳闸记录 13.收发信机测试记录 14.安全活动记录 15.自动化设备检验记录 16.反事故演习记录 17.培训记录 18.运行分析记录	20					

续表

序号	评　价　项　目	应得分/分	实得分/分	得分率/%	隐患个数/个		
					总数	主要	一般
4.2.3	应具备的设备台账	10					
4.2.4	应具备的图纸： 1. 一次主接线图 2. 站用电主接线图 3. 直流系统图 4. 正常和事故照明接线图 5. 继电保护远动及自动装置原理和展开图 6. 全站平、断面图 7. 组合电器气隔图 8. 直埋电力电缆走向图 9. 接地装置布置及直击雷保护范围图 10. 消防设施（或系统）布置图（或系统图） 11. 地下隐蔽工程竣工图 12. 断路器、隔离开关操作控制回路图 13. 测量、信号、故障电波及监控回路布置图 14. 主设备保护配置图 15. 直流保护配置图	20					
4.2.5	应具备的技术资料： 1. 变电站设备说明书 2. 变电站工程竣工（交接）验收报告 3. 变电站设备修试报告 4. 变电站设备评价报告	15					
4.2.6	应具备的指示图表： 1. 一次系统模拟图 2. 站用电系统图 3. 直流系统图 4. 安全记录指示 5. 设备最小载流元件表 6. 运行维护定期工作表 7. 交直流保护配置一览表 8. 设备检修试验周期一览表 9. GIS 设备气隔图	15					
4.2.7	应配备本单位、本站反事故措施和各级调度规程（根据调度关系）	10					
4.2.8	有经批准的典型操作票符合实际，每年进行一次全面审查修订	15					

续表

序号	评价项目	应得分/分	实得分/分	得分率/%	隐患个数/个		
					总数	主要	一般
4.2.9	值班人员汇报工作规范	5					
4.3	现场运行规程	90					
4.3.1	内容全面，具体；编写规范，可操作性强	20					
4.3.2	有编写、审核、批准人名单，有发布实施现场运行规程的通知文件	10					
4.3.3	及时修订，复查现场规程： 1. 上级发布新的规程和反措、设备系统变动时及时补充修订 2. 每年应对现场运规进行一次复查、修订、不需修订的，也应出具经复查人、审核人、批准人签名的“可以继续执行”的书面文件 3. 现场运行规程应每3～5年进行一次全面修订，审定印发 4. 现场运行规程的补充修订，应严格履行手续并通知规程操作人等人员	20					
4.3.4	新规程发布实施期间组织运行人员和相关管理人员集中学习，实施前组织考试，考试合格人员上岗运行	10					
4.3.5	单位每年组织一次运行规程考试	10					
4.3.6	变电站每季度组织一次运行规程考试	10					
4.3.7	新上岗、新调入人员上岗前应进行运行规程学习考试	10					
4.4	设备巡视检查	80					
4.4.1	有设备巡视检查制度	10					
4.4.2	有经批准的巡视作业指导书并严格执行	10					
4.4.3	正常巡视（含交接班巡视）的时间次数，巡视线路、内容有明确的规定并严格执行	20					
4.4.4	全面巡视，在正常设备巡视的基础上增加防火、防小动物、防误闭锁，安全工器具、接地装置，防盗的检查，每周一次	10					
4.4.5	夜间熄灯巡视，主要检查有无电晕放电，接头无过热，每周一次	10					
4.4.6	特殊巡视	10					

续表

序号	评　价　项　目	应得分/分	实得分/分	得分率/%	隐患个数/个		
					总数	主要	一般
4.4.7	巡视记录和作业指导书记录填写应清晰，具体，发现异常情况值长应及时核实，按缺陷管理制度的要求汇报和记录	10					
4.5	设备缺陷管理	100					
4.5.1	有设备缺陷管理制度。制度中对设备缺陷类别的划分，缺陷的登录，汇报、处理、验收缺陷报表，消缺率的统计考核都作出了明确的规定	20					
4.5.2	有各种设备危急，严重缺陷的分类标准	10					
4.5.3	缺陷记录清晰，完整	10					
4.5.4	缺陷处理单填写清晰具体，有验收签字	10					
4.5.5	缺陷月报表填报规范	10					
4.5.6	缺陷处理及时，未发生因处理不及时造成缺陷升级或发展成事故情况	20					
4.5.7	安全大检查，设备评价及安评发现的问题纳入了缺陷管理，整改计划能按期完成	10					
4.5.8	有缺陷原因分析，有缺陷不能及时处理的安全措施	10					
4.6	培训工作	100					
4.6.1	单位组织的年度安全工作考试合格	20					
4.6.2	紧急救护法培训模拟人操作合格	10					
4.6.3	单位组织的年度运行规程考试合格	10					
4.6.4	参加单位组织每年一次的消防培训，两年一次的典型消防规程考试合格	10					
4.6.5	运行值班人员经防误闭锁培训做到“四懂三会”（懂防误装置原理、性能、结构和操作程序；会操作，消缺，维护）	10					
4.6.6	值长、值班员等有权进行调度联系的人员，应经过相关调度机构的培训考试合格，取得培训证件并经年度审验	10					
4.6.7	变电站每季度进行一次规程考试	10					
4.6.8	技术问答：每人每月至少一题	10					
4.6.9	值班人员，应定期进行仿真系统的培训	10					

续表

序号	评价项目	应得分/分	实得分/分	得分率/%	隐患个数/个		
					总数	主要	一般
4.7	无人值班站的运行管理	100					
4.7.1	有经批准的无人值班站管理制度	10					
4.7.2	一次、二次设备满足无人值班站的要求，经过验收并正式批准为无人值班站	20					
4.7.3	无人值班站“四遥”功能设置符合要求，功能可靠	10					
4.7.4	有安全保卫制度，安全保卫措施可靠，围墙高度不低于2.3m，厚度大于0.24m的实体围墙，钢板门	10					
4.7.5	有值守人员岗位责任制且严格执行，有工作日志	20					
4.7.6	巡视检查制度落实记录规范	20					
4.7.7	有现场运行规程，有相应的记录： 1. 继电保护及自动装置检验记录 2. 蓄电池检查记录 3. 避雷器动作检查记录 4. 设备试验记录 5. 设备检修记录 6. 解锁钥匙使用记录 7. 设备测温记录	10					
4.8	集控站的运行管理	105					
4.8.1	有经批准的集控站运行管理制度	10					
4.8.2	所管辖的无人值班站自动化控制设备远动设备满足“四遥”（遥测、遥信、遥控、遥调）的要求，运行可靠并经过验收	20					
4.8.3	所管辖的无人值班站防火、防盗设施满足要求，有防火防盗自动报警或自动灭火设施和远程图像监控，运行可靠，并经过验收	20					
4.8.4	有实用的微机变电运行管理系统，实现安全运行，档案资料、记录，“两票”管理，设备缺陷和巡视管理等微机化	15					
4.8.5	制订有完善的钥匙管理办法，加强无人值班变电站房屋门锁管理	10					

续表

序号	评　价　项　目	应得分/分	实得分/分	得分率/%	隐患个数/个		
					总数	主要	一般
4.8.6	监控应有如下记录： 1. 运行日志 2. 巡视记录 3. 设备缺陷记录 4. 安全活动记录 5. 反事故演习记录 6. 培训记录 7. 设备检修记录 8. 断路器故障跳闸记录 9. 无人值班站负荷记录	15					
4.8.7	操作应有如下记录： 1. 运行日志 2. 设备巡视记录 3. 设备缺陷记录 4. 安全活动记录 5. 反事故演习记录 6. 培训记录	15					
4.9	计算机监控系统	100					
4.9.1	功能满足运行管理和调度自动化要求	20					
4.9.2	遥信通道满足调度数据传输要求	20					
4.9.3	监控系统与办公自动化系统网络方式互联时应经过认证的专用，可靠的安全隔离	20					
4.9.4	监控系统及网络连接、测控装置运行正常，运行指标达到规定要求	20					
4.9.5	有操作注意事项及异常处理办法	10					
4.9.6	系统定期进行了检测，有检测报告	10					
4.10	安全保卫管理	95					
4.10.1	有变电站安全保卫管理制度	10					
4.10.2	设有警卫室和专职安全保卫人员应有明确的岗位责任制和安全保卫巡视制度	10					
4.10.3	变电站围墙应为高度不低于2.2m的实体围墙	10					
4.10.4	变电站大门应是高度、宽度、强度符合设计规定的钢板门，钢板门上有小门供人进出，正常情况下大小门都应上锁	10					

续表

序号	评价项目	应得分/分	实得分/分	得分率/%	隐患个数/个		
					总数	主要	一般
4.10.5	门外有“电力设施重点保护单位”和“消防重点单位”的标志和安全警示标志	10					
4.10.6	室内门窗完整，门向外开，通向室外门有不低于要求的挡板，配电室、控制室、保护室、通信室通风降温措施完善	10					
4.10.7	站内土建设施列入全面巡视的内容	5					
4.10.8	站内有急救箱	15					
4.10.9	主控室有大门和围墙的监视画面	15					
5	**变电设备检修**	**500**					
5.1	检修规程	50					
5.1.1	内容全面，编写规范，依据安全规程、电建安规、检修规程（或检修导则）、出厂资料编制变电站设备检修规程	10					
5.1.2	有编写、审核、批准人名单，有检修规程发布实施的通知文件	10					
5.1.3	及时修订、复查检修规程并履行审批手续	20					
5.1.4	单位组织每年一次对检修人员的检修规程考试	10					
5.2	持证修试	110					
5.2.1	承装（修、试）单位必须持承装（修试）电力施工许可证，且类别等级符合所承担工作	20					
5.2.2	外单位来检修工作的还必须持有效期内的工商营业执照	10					
5.2.3	施工负责人（项目经理）必须持项目经理证	10					
5.2.4	施工专职安全人员必经专门培训取证	10					
5.2.5	特种作业人员、特重设备使用人员必须持证上岗	20					
5.2.6	大型施工机械，如起重设备必须有使用登记证、监督检验和定期检验合格证	10					
5.2.7	工作负责人员名单提前报运行单位安监部门考核确认并下文字通知	10					

续表

序号	评　价　项　目	应得分/分	实得分/分	得分率/%	隐患个数/个		
					总数	主要	一般
5.2.8	运行单位安监部门对施工单位的资质进行审查并提出资质审查意见	20					
5.3	检修计划与检修合同	70					
5.3.1	单位应有年度检修计划，更改大修项目应纳入更改、大修计划中	10					
5.3.2	依据年度检修计划等编制的月度工作计划中有该项检修工作	10					
5.3.3	需要停电配合的要有调度下达的月度停电计划	10					
5.3.4	检修工作必须签订检修合同，检修合同中就检修工作的范围、质量、安全、进度、双方工作配合及费用作出明确规定	20					
5.3.5	检修合同中必须有明细的安全条款，明确双方各自应承担的安全责任，安全条款经运行单位安监部门审查	20					
5.4	检修前的准备工作	70					
5.4.1	检修要编制检修方案，并报运行单位批准，单项检修可执行经批准的检修作业指导书	10					
5.4.2	依据检修方案，检修单位应制订施工三措（即技术措施，安全措施，组织措施）并经运行单位生产、安监部门审批，同时报送停电计划由调度部门审批	10					
5.4.3	依据检修工作任务及现场情况开展危险点辨识和危险点控制措施的制定	20					
5.4.4	进场作业人员的学习，主要学习电建安规施工验收规范、本次工作的施工方案、三措、危险点控制措施等	10					
5.4.5	重大检修要编写事故应急救援预案并审批	10					
5.4.6	办理开工手续	10					
5.5	检修现场的安全工作	120					
5.5.1	安全技术交底，开工前检修负责人要向有关人员进行安全技术交底，交底内容有文字记载并双方签字	15					

续表

序号	评　价　项　目	应得分/分	实得分/分	得分率/%	隐患个数/个		
					总数	主要	一般
5.5.2	进场作业办理工作票手续	15					
5.5.3	工作负责人同工作成员办理安全施工作业票	15					
5.5.4	现场隔离措施，分固定隔离措施和临时隔离措施，电气连接部分必须有明显的断开点并做好防感应电措施。有条件的做到封闭施工，隔离措施每天开工前有专人检查	20					
5.5.5	现场安全保护措施的落实，并悬挂必要的警示牌、提示牌	10					
5.5.6	个人安全防护器具的配载	15					
5.5.7	现场施工电源的配置及安全管理	10					
5.5.8	现场施工机械的管理	10					
5.5.9	现场安全监护制度落实	10					
5.6	验收工作	80					
5.6.1	以运行管理为主制订验收方案	10					
5.6.2	检修单位办理完自检及工作终结手续	10					
5.6.3	成立验收小组，按施工验收规范的要求逐项验收，进行必要的试验和检测工作	20					
5.6.4	验收合格后拆除施工安全措施（包括隔离措施）设备处于备用状态	10					
5.6.5	竣工资料的交接	15					
5.6.6	检修工作总结	15					
6	**输电线路**	**1250**					
6.1	架空送电线路	160					
6.1.1	专业规程标准	30					
6.1.1.1	应配备的国家、行业颁发的规程标准： 1.《电力安全工作规程（电力线路部分）》GB 26859 2.《66kV及以下架空电力线路设计规范》GB 50061 3.《电气装置安装工程接地装置施工及验收规范》GB 50169 4.《交流电气装置的过电压保护和绝缘配合》DL/T 620 5.《接地装置特性参数测量导则》DL/T 475	20					

续表

序号	评　价　项　目	应得分/分	实得分/分	得分率/%	隐患个数/个		
					总数	主要	一般
6.1.1.1	6.《架空输电线路运行规程》DL/T 741 7.《110～500kV架空送电线路施工及验收规范》GB 50233 8.《110kV及以上送变电工程启动及竣工验收规程》DL/T 782 9.《交流电气装置的过电压保护和绝缘配合》DL/T 620 10.《电力设备预防性试验规程》DL/T 596	20					
6.1.1.2	梳理和识别，定期更新和发布	10					
6.1.2	技术状况	60					
6.1.2.1	线路本体包括基础、杆塔、导地线、绝缘子、金具、接地等符合规程标准要求	20					
6.1.2.2	线路通道环境、各种交叉跨越、保护区、符合设计规程、运行规程、电力设施保护条例要求	20					
6.1.2.3	线路辅助设施如线路杆塔各号牌，各种警示牌、提示牌，多回共杆色标，防雷设施，防鸟设施等符合规程标准要求	10					
6.1.2.4	220kV架空送电线路必须装设准确的线路故障测距和定位装置	10					
6.1.3	技术资料管理	70					
6.1.3.1	运行单位应有下列图表： 1. 地区电力系统线路地理平面图 2. 地区电力系统结线图 3. 相位图 4. 污区分布图 5. 设备一览图 6. 安全记录图表 7. 年定期检验计划进度表 8. 检修组织机构表 9. 反事故措施及安全技术措施计划表 10. 杆塔型式和基础型式图 11. 110kV及以上线路断面图 12. 110kV及以上线路导线、避雷线安装曲线（或弧垂表） 13. 110kV及以上线路导线、避雷线金具组装图	20					

续表

序号	评　价　项　目	应得分/分	实得分/分	得分率/%	隐患个数/个		
					总数	主要	一般
6.1.3.2	运行单位有规程规定的线路设计施工技术资料	15					
6.1.3.3	运行单位应建立线路台账	15					
6.1.3.4	运行单位应建立规程规定的各种运行记录，其中主要记录如下： 1. 线路跳闸，事故及异常运行记录 2. 缺陷记录 3. 绝缘子检测记录 4. 线路接点测温记录 5. 接地电阻检测记录 6. 导线弧垂，限距和交叉跨越测量记录 7. 绝缘保安工具检测记录 8. 防洪点检查记录 9. 维护记录	20					
6.2	电力电缆线路	380					
6.2.1	专业规程标准	20					
6.2.1.1	应配备的国家、行业颁发的规程标准： 1.《电力安全工作规程（电力线路部分）》GB 26859 2.《电缆线路施工及验收规范》GB 50168 3.《电力工程电缆设计规范》GB 50217 4.《电力设备预防性试验规程》DL/T 596 5.《电力电缆线路运行规程》DL/T 1253 6.《电力设备典型消防规程》DL 5027	10					
6.2.1.2	梳理和识别，定期更新和发布	10					
6.2.2	技术状况	290					
6.2.2.1	电缆安装敷设符合规程规定，包括电缆导管的加工敷设，电缆支架的配制安装、电缆的敷设（直埋、穿管、沟道、架空、桥梁上、水底等的敷设形式）电缆附件的安装	30					
6.2.2.2	电缆的地面标志齐全，并符合规程、设计规范要求；电缆标志牌的装设符合要求；水下电缆的两岸标志符合要求	20					
6.2.2.3	电缆最大短路电流作用时间产生的热效应满足热稳定要求	20					

续表

序号	评 价 项 目	应得分/分	实得分/分	得分率/%	隐患个数/个		
					总数	主要	一般
6.2.2.4	电缆敷设符合规程标准要求，有定期核查记录	20					
6.2.2.5	电缆防火与阻燃措施符合规程标准要求，有定期核查记录	20					
6.2.2.6	阻燃电缆选用和敷设符合规程标准要求，有定期核查记录	20					
6.2.2.7	安全性要求较高的电缆密集场所或封闭通道中配置了自动报警装置；明敷充油电缆的供油系统装设自动报警和闭锁装置；地下公共设施的电缆密集部位，多回路充油电缆的终端设置处装设有专用消防设施；有定期检验记录	20					
6.2.2.8	电缆终端头套管外绝缘符合所在地污秽等级要求；并按规定采取防污闪措施	20					
6.2.2.9	电缆终端的过电压防护符合规程要求	20					
6.2.2.10	电缆防护保护符合规程要求或厂家使用说明的要求	20					
6.2.2.11	电缆保护用避雷器、接地装置按规程要求进行了预防性试验	20					
6.2.2.12	电缆终端头和中间接头完整无损，清洁，无漏油、溢胶、放电、过热等现象；定期测量各接触面的温度，有完整记录，并及时进行处理	20					
6.2.2.13	电缆最大负荷电流不超过经过核算的允许载流量；定期测量电缆温度，不超过最高允许值；有完整记录	20					
6.2.2.14	电缆预防性实验无漏项、超期、超标等情况	20					
6.2.3	技术资料	70					
6.2.3.1	下列技术资料、文件正确、有效、齐全与现场实际相符： 1. 地区电缆线路地理平面图 2. 电缆线路系统接线图	20					

续表

序号	评价项目	应得分/分	实得分/分	得分率/%	隐患个数/个		
					总数	主要	一般
6.2.3.1	3. 电缆沿线敷设图及剖面图，特殊结构图（桥梁、隧道、人井、排管等） 4. 防火阻燃措施图纸、资料 5. 电缆接头和终端头设计装配总图（配有详细注明材料的分件图） 6. 各种型式电缆截面图 7. 电缆线路设备一览表（名称、编号、线路准确长度、截面积、电压、型号、起止点、线路参数、中间接头及终端头的型号、编号、投运日期，实际允许载流量等）	20					
6.2.3.2	运行单位有规程规定的线路设计施工技术资料	15					
6.2.3.3	运行单位应建立线路台账	15					
6.2.3.4	运行单位应建立规程规定的各种运行记录，其中主要记录如下： 1. 线路跳闸，事故及异常运行记录 2. 缺陷记录 3. 电缆检测记录 4. 电缆接头测温记录 5. 接地电阻检测记录 6. 维护记录	20					
6.3	技术管理	110					
6.3.1	有本单位的线路维护分界管理规定，线路与发电厂、变电站、相邻线路运行单位的分界点有文字协议	10					
6.3.2	设备缺陷管理制度健全，设备缺陷分类标准具体明确	10					
6.3.3	设备缺陷登记、上报、处理、验收等程序实现闭环控制，严重缺陷、危急缺陷在规定时间内得到处理	10					
6.3.4	设备缺陷记录完整、定性正确，处理及时，定期对缺陷情况进行分析，有缺陷月报表，有消缺率的考核	10					

续表

序号	评　价　项　目	应得分/分	实得分/分	得分率/%	隐患个数/个		
					总数	主要	一般
6.3.5	有防止各种架空线路事故的措施并严格落实，如防倒杆、防断线、掉线、防污闪、防雷电、防外力破坏、防导线覆冰、舞动等并认真组织落实。线路杆塔8m及以下拉线采用防盗螺栓，跨越110kV及以上线路、铁路、高等级公路、通航河流及输油气管道时应采用双悬垂绝缘子串，并尽可采用双独立挂点。居民区、水田、变电站不宜采用玻璃绝缘子 有防止各种电缆线路事故的措施并严格落实，预防电缆线路机械损伤；预防电缆绝缘过热和导线连接点损坏；电缆的腐蚀等	20					
6.3.6	制订了倒杆断线事故的应急预案，并组织了培训演练	10					
6.3.7	有事故备品备件清册，账物相符，保管符合规定	10					
6.3.8	依据法规条例做好线路保护工作，外力破坏事故能及时告警和破案，事故逐年降低	10					
6.3.9	汛前完成防汛大纲规定的防汛检查并填报防汛检查表	10					
6.3.10	对送电线路特殊区段，如大跨越、多雷区、重冰区、防汛重点区段应有明确划分，应有相应要求，并写进本单位的现场运行规程中	10					
6.4	运行管理	80					
6.4.1	编写本单位的现场运行规程，内容全面、编写规范，可操作性强	15					
6.4.2	有编写、审核、批准人名单，有发布实施本规程的单位通知文件	10					
6.4.3	及时修订、复查运行规程： 1. 有变化及时补充修订 2. 每年进行一次复查修订 3. 每3～5年进行一次全面修订印发 4. 补充修订应严格履行审批手续	20					

续表

序号	评价项目	应得分/分	实得分/分	得分率/%	隐患个数/个		
					总数	主要	一般
6.4.4	新规程发布到实施期间组织有关人员学习，实施前考试，考试合格上岗	10					
6.4.5	运行单位每年组织一次规程考试，班组每季度组织一次规程考试	10					
6.4.6	运行分析会，运行单位每年至少两次，运行班组每月一次	10					
6.4.7	应配备各级调度规程（根据调度关系）	5					
6.5	线路巡视	60					
6.5.1	有本单位的线路巡视管理制度	10					
6.5.2	有本单位的线路巡视岗位责任制	10					
6.5.3	按本单位线路现场运行规程和巡视制度规定进行定期巡视、故障巡视、特殊巡视、诊断巡视、监督巡视，并做完整巡视记录，记录保持一年	20					
6.5.4	根据实际情况进行故障巡视，特殊巡视，夜间交叉和诊断性巡视，有巡视计划，有记录	10					
6.5.5	监察性巡视，运行单位领导、运行管理人员为了解线路运行情况，检查指导巡线人员工作而进行的监察性巡视每年至少一次并有记录	10					
6.6	线路检测	80					
6.6.1	有线路检测计划，周期检测项目有检测周期表，滚动执行，检测工作应记入月度工作计划	20					
6.6.2	有检测作业指导书，并经审批程序，发布实施	10					
6.6.3	检测工具仪表管理应规范，并定期送检，有校验记录和标签，保管场所符合规定	10					
6.6.4	检测记录清晰，检测人有签名	10					
6.6.5	检测项目按运行规程执行，重点检查，绝缘子测量记录，接点测温记录，接地电阻测量记录	30					

续表

序号	评　价　项　目	应得分/分	实得分/分	得分率/%	隐患个数/个		
					总数	主要	一般
6.7	线路维护	110					
6.7.1	有线路维护计划，按周期维护的项目有维护周期表，并滚动执行，维护工作应列入月度工作计划	15					
6.7.2	杆塔坚固螺栓，新线路投入一年后进行，以后每5年紧固一次，有记录	10					
6.7.3	绝缘子清扫每年一次，防污重点地段，缩短周期，逢停必扫，有记录	10					
6.7.4	线路防振和防舞动装置维护调整每1～2年一次，有记录	10					
6.7.5	砍修树、竹每年一次，有问题随时进行	10					
6.7.6	修补防汛设施，每年汛前检查修补一次，有问题随时进行	10					
6.7.7	修补防鸟设施和拆巢每年一次，有问题随时进行	10					
6.7.8	杆塔铁件防腐，做到无严重腐蚀铁件	10					
6.7.9	接地装置，防雷设施，更换绝缘子，调整更新拉线，金具等，根据检测和巡视报告及时处理	15					
6.7.10	补齐线路号牌、警示、防护标志、色标等	10					
6.8	检修管理	170					
6.8.1	有年度检修计划，是技改大修项目的应纳入技改大修计划中	10					
6.8.2	月度工作计划中有检修计划内容且与年度检修计划相衔接	10					
6.8.3	需要停电配合的应有调度下达的月度停电计划	10					
6.8.4	有经审批的线路检修规程（或检修作业指导书）	10					
6.8.5	检修工作必须签订检修合同	10					
6.8.6	检修工作，合同中有明确的安全条款，明确各自应承担的安全责任	15					

续表

序号	评 价 项 目	应得分/分	实得分/分	得分率/%	隐患个数/个		
					总数	主要	一般
6.8.7	有经批准的施工“三措”	15					
6.8.8	检修单位特有电力施工许可证，安全许可证，营业执照等并经安全资质审查	20					
6.8.9	开工前应办理工作票和安全施工作票	15					
6.8.10	开工前应层层进行安全技术交底，安全交底应有文字资料，交底双方要签字	15					
6.8.11	现场安全措施应落实，特别是隔离措施，个人防护措施，监护措施，应急救援措施	15					
6.8.12	带电作业，起重作业，焊接作业，登高作业，爆破作业等特种作业人员应持证上岗	15					
6.8.13	检修完工后有检修工作总结	10					
6.9	带电作业	100					
6.9.1	有年度带电工作计划，有带电工作记录，有年度带电工作统计和总结	10					
6.9.2	明确带电作业项目，每个项目有现场操作规程，现场操作规程由本单位生产管理部门审查，并经总工程师批准	20					
6.9.3	带电作业人员必须持证上岗，证件为带电作业培训中心颁发的带电作业资格证书和本单位生产管理部门签发的带电作业上岗证书。带电作业资格证，认证每五年一次，上岗证每年考核一次	20					
6.9.4	有带电作业工具专用库房，且符合库房标准，有烘干、除湿、通风等设备，依据设定的温度自动控制以上设备的运行	10					
6.9.5	带电作业工具预防性试验，依据电力安全工作规程和《带电作业工具、装备和设备预防性试验规程》DL/T 976 对安全工具进行定期试验。试验结果、有效日期卡片、试验合格证粘贴清晰	20					
6.9.6	高架绝缘斗臂车有专用车库。操作人员经专门培训，持证上岗	20					

续表

序号	评　价　项　目	应得分/分	实得分/分	得分率/%	隐患个数/个		
					总数	主要	一般
7	**配电线路和设备**	**1685**					
7.1	架空配电线路及设备	310					
7.1.1	专业规程标准	30					
7.1.1.1	应配备的国家、行业颁发的规程标准： 1.《电力安全工作规程（电力线路部分）》GB 26859 2.《电力设备预防性试验规程》DL/T 596 3.《城市中低压配电网改造技术导则》DL/T 599 4.《蓄电池直流电源装置运行与维护技术规程》DL/T 724 5.《电气装置安装工程接地装置施工及验收规范》GB 50169 6.《交流电气装置的过电压保护和绝缘配合》DL/T 620 7.《10kV及以下架空配电线路设计技术规程》DL/T 5220 8.《架空绝缘配电线路设计技术规程》DL/T 601 9.《标称电压1kV以上交流电力系统用并联电容器》GB/T 1102457 10.《配电线路带电作业技术导则》GB/T 188	20					
7.1.1.2	梳理和识别，定期更新和发布	10					
7.1.2	技术状况	250					
7.1.2.1	线路及设备标志有统一规定，做到齐全、正确、醒目： 1. 采用双重编号：线路名称及杆塔编号 2. 同杆并架线路采用标识、色标或其他方法加以区别 3. 变电站出线和配变站的进出线有双重编号和相位标志 4. 配变站、箱式变压器、变压器台、环网柜、开闭站、电缆分支箱、断路器、开关有相关编号牌、电源牌及警告牌 5. 人员、车辆、机械穿越架空线路地段有安全标志	10					

续表

序号	评价项目	应得分/分	实得分/分	得分率/%	隐患个数/个		
					总数	主要	一般
7.1.2.2	中压分区配电网有明确的供电范围，互不交错，相邻之间互为备用	10					
7.1.2.3	中压架空线路采用多分段、多联络的开式环网结构；电缆线路采用环网或开式环网结构；具有足够的转移负荷的能力	10					
7.1.2.4	中低压同杆并架线路为同一电源供电，低压线路不穿越中压线路分段开关或联络开关	10					
7.1.2.5	城市供电可靠率达到99.9%，在大中城市中心区供电可靠率达到99.99%	10					
7.1.2.6	有多电源及自备电源用户管理规定，两电源之间应有可靠的连锁，并且供电双方签订协议，按协议操作。任何时候不得向系统反送电	10					
7.1.2.7	用户注入电网的谐波电流超过标准，以及冲击负荷、波动负荷、非对称负荷等对电能质量产生干扰与妨碍，能在规定期限内采取了措施达到国家标准要求	10					
7.1.2.8	线路及变配设备技术性能符合运行标准规定。线路：杆塔、基础、导线、绝缘导线、金具、绝缘子、连接器、线夹、导线弧垂、交叉跨越、拉线、接地装置、线路防护区、巡线通道、标志等；设备：变压器、变压器台、高低压熔断器、避雷器、开关、电容器、柱上断路器、负荷开关、隔离开关、开闭站一二次设备、配变站高低压设备、箱式变压器、环网柜（开闭器）、电缆分支箱及标志等	20					
7.1.2.9	架空线路的正常负荷电流应控制在安全电流的2/3以下，有负荷记录，超过时采取了措施	10					
7.1.2.10	装设了必要的自动装置，如重合闸，备用电源自投装置，低周减载，自动解列等	10					
7.1.2.11	有配电变压器（含箱式变）负荷测量规定，负荷率、不平衡度不超过规定	10					

续表

序号	评　价　项　目	应得分/分	实得分/分	得分率/%	隐患个数/个		
					总数	主要	一般
7.1.2.12	箱式变电站箱门密封良好，门锁有防雨、防堵各防锈措施	10					
7.1.2.13	箱式变电站内回路和连接点无过热现象，箱体自然通风和隔热措施满足运行要求	10					
7.1.2.14	箱式变电站高电压室内侧有主回路接线图、操作程序和注意事项，室内照明设施良好	10					
7.1.2.15	开闭站、配变站、箱式变电站、环网柜、电缆分支箱设备和箱体接地良好，接地电阻符合规程要求，定期测量接地电阻	20					
7.1.2.16	开闭站、配变站、箱式变压器、环网柜、电缆分支箱等有防止小动物进入的措施	10					
7.1.2.17	开闭站蓄电池浮充电压、电流、单支电压按规定进行测试检查	10					
7.1.2.18	线路绝缘子及户内外设备外绝缘符合所在地区污秽等级的要求	10					
7.1.2.19	高层建筑群地区、人口密集、繁华街道区、绿化地区及林带、污秽严重地区以及建筑物的安全距离不能满足要求的地区按规定采用架空绝缘配电线路	10					
7.1.2.20	变压器接线柱、熔断器、避雷器与绝缘导线连接部位；开关设备与绝缘导线连接部位；停电工作接地点等装设绝缘护套	10					
7.1.2.21	线路及设备过电压保护配置和安装符合规程要求	10					
7.1.2.22	按电气设备预防性试验规程规定周期项目进行了试验，并有试验报告	10					
7.1.2.23	对在电网中服役20年以上的高压开关设备、短路电流开断能力不符合要求或国家、电力系统已停止生产装用的产品已经更换或改造	10					
7.1.3	技术资料	30					

续表

序号	评 价 项 目	应得分/分	实得分/分	得分率/%	隐患个数/个		
					总数	主要	一般
7.1.3.1	有以下技术资料且齐全、正确： 1. 配电网络运行方式图 2. 线路平面图 3. 线路杆位图 4. 低压台区图（包括电流、电压测量记录） 5. 高压配电线路负荷记录 6. 缺陷记录 7. 配电线路、设备变动（更正）通知单 8. 维护产权分界点协议书 9. 巡视手册 10. 防护通知书 11. 交叉跨越记录 12. 事故障碍记录 13. 变压器卡片 14. 断路器、负荷开关卡片 15. 配变站巡视记录（含开闭站、箱式变） 16. 配变站运行方式接线图 17. 配变站检修记录 18. 配变站竣工资料和技术资料 19. 接地装置布置图和试验记录 20. 绝缘工具试验记录 21. 工作日志	20					
7.1.3.2	带电作业班组应具备以下技术资料，并计真填写： 1. 带电作业登记表 2. 带电作业新项目（新工具）技术鉴定书 3. 经批准的带电作业项目表及分项操作规程 4. 带电作业分项需要工具卡 5. 带电作业工具清册 6. 带电作业工具机械预防性试验卡 7. 带电作业工具电气预防性试验卡 8. 带电作业合格证	10					
7.2	电缆配电线路	150					
7.2.1	专业规程标准	20					
7.2.1.1	应配备的国家、行业颁发的规程标准： 1.《电力安全工作规程（电力线路部分）》GB 26859	10					

续表

序号	评 价 项 目	应得分/分	实得分/分	得分率/%	隐患个数/个		
					总数	主要	一般
7.2.1.1	2.《电缆线路施工及验收规定》GB 50168 3.《电力工程电缆设计规定》GB 50217 4.《电力设备预防性试验规程》DL/T 596 5.《电力电缆线路运行规程》DL/T 1253 6.《配电线路带电作业技术导》则 GB/T 18857 7.《电力设备典型消防规程》DL 5027	10					
7.2.1.2	梳理和识别，定期更新和发布	10					
7.2.2	技术状况	120					
7.2.2.1	电缆技术性能符合技术标准，无损伤、脏污、漏油、溢胶和放电过热现象，各种安全间距符合规程规定；电缆敷设和固定符合要求，单芯电缆的固定夹具不应构成闭合磁回路；电缆最大工作电流、最大短路电流、持续工作电流不超过电缆截面设计选择并留有一定裕度，有年度核查记录	20					
7.2.2.2	配电线路电缆分支箱安装运行状况符合技术标准，配电箱内外各类名称、编号、相色和安全警示标志齐全、清晰、规范	20					
7.2.2.3	电缆名称、编号标志牌齐全，挂装牢固：电缆终端相色正确；地下电缆或直埋电缆的地面标志齐全并符合有关要求；靠近地面一段电缆有安全警示标志及防护设施	20					
7.2.2.4	电缆沟内无杂物，排水畅通，无积水，盖板齐全完好；电缆支架等金属部件防腐层完好，支架接地良好，电缆固定完好	10					
7.2.2.5	电缆的保护层、屏蔽层和穿管、桥架等接地良好；电缆终端防雷设施齐全完好	20					
7.2.2.6	电缆的防火阻燃措施完善，防火与阻燃所需的封堵措施、防火墙设置、防火涂料的使用等完整正确	20					
7.2.2.7	电力电缆预防性试验无漏项、无超周期、无超标	10					

续表

序号	评　价　项　目	应得分/分	实得分/分	得分率/%	隐患个数/个		
					总数	主要	一般
7.2.3	具有下列技术资料、记录： 1. 地区电缆线路地理平面图 2. 电缆线路系统接线图 3. 电缆沿线敷设图及剖面图，特殊结构图（桥梁、隧道、人井、排管等） 4. 防火阻燃措施图纸、资料 5. 电缆接头和终端头设计装配总图（配有详细注明材料的分件图） 6. 各种型式电缆截面图 7. 电缆线路设备一览表（名称、编号、线路准确长度、截面积、电压、型号、起止点、线路参数、中间接头及终端头的型号、编号、投运日期，实际允许载流量等） 8. 巡视检查记录 9. 缺陷记录 10. 检修记录和试验报告	10					
7.3	农网中压配电系统	410					
7.3.1	专业规程标准	30					
7.3.1.1	应配备的国家、行业颁发的规程标准： 1.《电力安全工作规程（电力线路部分）》GB 26859 2.《电力设备预防性试验规程》DL/T 596 3.《10kV及以下架空配电线路设计技术规程》DL/T 5220 4.《架空绝缘配电线路设计技术规程》DL/T 601 5.《蓄电池直流电源装置运行与维护技术规程》DL/T 724 6.《电气装置安装工程接地装置施工及验收规范》GB 50169 7.《交流电气装置的过电压保护和绝缘配合》DL/T 620 8.《电缆线路施工及验收规定》GB 50168 9.《电力工程电缆设计规定》GB 50217 10.《电力电缆线路运行规程》DL/T 1253 11.《标称电压1kV以上交流电力系统用并联电容器》GB/T 11024 12.《配电线路带电作业技术导则》GB/T 18857	20					

续表

序号	评价项目	应得分/分	实得分/分	得分率/%	隐患个数/个		
					总数	主要	一般
7.3.1.2	梳理和识别，定期更新和发布	10					
7.3.2	10（6）kV架空配电线路	110					
7.3.2.1	线路设备（含杆塔、横担、导线、绝缘子、金具拉线及高压接户线等）技术性能及通道环境符合运行标准	20					
7.3.2.2	对线路各类标志的设置有统一规定，杆塔标志齐全、正确、醒目，设置规范： 1. 每基杆塔有双重名称和编号，在同杆架设多回线路中的每一回线路都有双重称号 2. 线路的出口杆、分支杆等有相色标记 3. 双电源杆有明显的双电源标志 4. 检查水泥杆埋深的标志清晰 5. 安全警示标志齐全，符合有关规定	20					
7.3.2.3	按照运行规程要求落实配电线路预防性检查、维护项目，记录正确、完整、规范 1.5年至少1次登杆检查 2.5年1次杆塔金属基础检查 3.5年1次盐、碱低洼地区混凝土根部检查 4.5年1次导线连接线夹检查 5. 拉线根部检查：镀锌拉棒5年1次，镀锌铁线3年1次 6. 铁塔紧螺帽5年1次 7. 规定的其他预防性检查、维护项目	20					
7.3.2.4	绝缘配电线路的首端、联络开关两侧，分支杆、耐张杆接头处以及有可能反送电的分支线的末端应设置停电工作接地点	10					
7.3.2.5	认真落实防止污闪事故的各项措施，各条线路及设备绝缘子爬距符合该地段污秽等级防污要求	10					
7.3.2.6	广播、通信、电视等弱电线路不得与中压配电线路同杆架设；未经电力企业同意，不得与低压配电线路同杆架设	10					
7.3.2.7	穿越和接近导线的电杆必须装设拉线绝缘子，拉线绝缘子的安装符合规程要求	10					

续表

序号	评　价　项　目	应得分/分	实得分/分	得分率/%	隐患个数/个		
					总数	主要	一般
7.3.2.8	线路的防雷和接地措施符合规程要求	10					
7.3.3	配电变压器及配电变压器台	100					
7.3.3.1	配电变压器技术性能、运行状况符合规程要求： 1. 套管无污染，无裂纹、损伤及放电痕迹 2. 油温、油位、油色正常 3. 无渗漏油 4. 部件连接牢固、连接点无锈蚀、过热现象 5. 配电变压器倾斜度不大于1%	10					
7.3.3.2	柱（台、架）上、屋顶式变压器底部离地面高度不小于2.5m；落地式变压器四周安全围栏（围墙）高度不低于1.8m，围栏栏条间净距不大于0.1m，围栏（围墙）距配电变压器外廓净距不小于0.8m，变压器底座基础高于当地最大洪水位，且不低于0.3m	10					
7.3.3.3	变压器编号和警示标志的设置有统一规定，各类标志齐全、正确、醒目、规范	10					
7.3.3.4	与配电变压器配套安装的跌落式开关或其他型式的开关、刀闸、熔断器技术性能、运行状况符合规程要求；熔断器熔丝配置正确	10					
7.3.3.5	导线及接头的材质规格与连接状况以及各部分电气安全间距符合规程要求；配电变压器高低压引线均采用绝缘线，其截面按配电变压器额定电流选择，且不小于规程规定（铜线16mm^2，铝线25mm^2），不同金属导线连接应有过渡金具	10					
7.3.3.6	变压器按规程要求装设避雷器，防雷装置完整可靠，接地线与变压器低压侧中性点以及金属外壳可靠连接每个接地电阻检测合格、避雷器试验合格	10					
7.3.3.7	配电变压器无功补偿装置配置符合规定并正常投运	10					

续表

序号	评 价 项 目	应得分/分	实得分/分	得分率/%	隐患个数/个		
					总数	主要	一般
7.3.3.8	绝缘配电线路上变压器的一、二次侧应设置停电工作接地点	10					
7.3.3.9	定期对配电变压器及台架、围栏进行巡视、检查、维护，负荷高峰时测负荷	10					
7.3.3.10	按规程要求对配电变压器进行预防性试验，试验记录和试验报告正确、完整、规范	10					
7.3.4	柱上开关设备	50					
7.3.4.1	柱上开关设备（含油断路器、六氟化硫、真空断路器、隔离开关、跌落式开关、重合器等，以下同）安装、运行状况符合规程要求；柱上开关的额定电流、额定开断容量满足安装点的短路容量	10					
7.3.4.2	柱上开关设备名称、编号和安全警示标志的设置有统一规定，各类标志齐全、正确、醒目、规范	10					
7.3.4.3	防雷与接地措施完善；经常开路运行而又带电的开关的两侧均设防雷装置	10					
7.3.4.4	定期对柱上开关设备进行巡视、检查、维护	10					
7.3.4.5	按规程要求进行预防性试验，记录和试验报告正确、完整、规范	10					
7.3.5	开闭所、小区配电室和箱式变电站	100					
7.3.5.1	开关、熔断器、变压器、无功补偿装置、母线、电缆、仪表等符合运行标准；各部接点无过热等异常现象；充油设备油位、油色、油温正常，无渗漏油现象；电气安全净距符合规定	20					
7.3.5.2	开闭所、小区配电室和箱式变电站外部名称编号和安全警示标志齐全、正确、醒目、规范	10					
7.3.5.3	各类设备名称、编号、相序标志、接线方式图示、仪表及信号指示齐全、完好、正确	10					

续表

序号	评 价 项 目	应得分/分	实得分/分	得分率/%	隐患个数/个		
					总数	主要	一般
7.3.5.4	建筑物、门、窗、基础等完好无损：门的开启方向正确；室内室温正常，照明、防火、通风设施完好；周围无威胁安全运行或阻塞检修车辆通行的堆积物。有防止雨、雪和小动物从采光窗、通风窗、门、电缆沟等进入室内的措施	10					
7.3.5.5	防雷与接地措施符合规定	10					
7.3.5.6	按规程要求对设备定期巡视、检查和维护，以及消防器材检查	20					
7.3.5.7	保护装置和仪表二次接线检查校验，设备预防性试验合格，试验报告和各种记录齐全、正确	20					
7.3.6	运行单位应具有以下技术资料： 1. 配电网络及配变站运行方式图 2. 配电线路平面图 3. 线路杆位图（表） 4. 高压配电线路负荷记录 5. 线路及设备台账、清册 6. 缺陷记录 7. 配电线路、设备变动通知单及变更记录 8. 维护（产权）分界点协议书，用户专线代维协议 9. 巡视手册 10. 防护通知书 11. 交叉跨越记录、接头记录、故障指示器安装地点及动作记录 12. 事故、障碍记录 13. 变压器、断路器、负荷开关卡片 14. 配电线路及设备修试记录 15. 配电线路及设备竣工资料和技术资料 16. 绝缘工具试验记录；工作日志。 在上述规定的基础上，企业应对各业务主管部门、工区及基层班组应配备的技术资料作出明确的切合实际的规定，并认真执行	20					

续表

序号	评　价　项　目	应得分/分	实得分/分	得分率/%	隐患个数/个		
					总数	主要	一般
7.4	农网低压配电线路及设备	230					
7.4.1	专业规程标准	30					
7.4.1.1	应配备的国家、行业颁发的规程标准： 1.《电力安全工作规程（电力线路部分）》GB 26859 2.《电力设备预防性试验规程》DL/T 596 3.《10kV及以下架空配电线路设计技术规程》DL/T 5220 4.《架空绝缘配电线路设计技术规程》DL/T 601 5.《蓄电池直流电源装置运行与维护技术规程》DL/T 724 6.《电气装置安装工程接地装置施工及验收规范》GB 50169 7.《交流电气装置的过电压保护和绝缘配合》DL/T 620 8.《农村低压电器安全工作规程》DL 477 9.《农村低压电力技术规程》DL/T 499 10.《配电线路带电作业技术导则》GB/T 18857	20					
7.4.1.2	梳理和识别，定期更新和发布	10					
7.4.2	技术状况	140					
7.4.2.1	低压线路（含架空裸线、绝缘线）各部分设备的技术性能符合规程要求	10					
7.4.2.2	低压线路与10kV配电线路同杆架设时，为同一电源且没有跨越10kV配电线路分段开关的现象	10					
7.4.2.3	多路电源用户或装有自备发电装置用户的档案健全；所有此类用户均采取了防止反送电措施	10					
7.4.2.4	按《农村低压电力技术规程》的规定装设符合国家标准的各级剩余电流保护装置（漏电保护器下同）；剩余电流保护装置的技术性能符合规程规定	10					

续表

序号	评 价 项 目	应得分/分	实得分/分	得分率/%	隐患个数/个		
					总数	主要	一般
7.4.2.5	漏电保护装置运行管理制度健全；各级漏电保护装置台账齐全、规范；按规定对漏电动作保护器检测维护，相关技术资料齐全、规范；未发现将总保护和中级保护退出运行的现象，保护装置的安装率、投运率和合格率达到100%	20					
7.4.2.6	制订低压设备各类标示的设置规定；设备名称、编号和安全警示等标志正确、齐全、醒目，符合规定	10					
7.4.2.7	应采取的防雷接地、工作接地、保护接地、保护接零及重复接地措施正确完备，符合规程规定；接地装置的接地电阻符合规程规定；接地体的材质规格以及埋设深度符合规程规定	10					
7.4.2.8	配电箱（室）及箱（室）内电器安装正确完好，各类产品符合国家质量标准，名称、编号、相色及负荷标志齐全、清晰、明确；配电箱（室）的进出引线采用具有绝缘护套的绝缘电线，穿越箱壳（墙壁）时加套管保护；室内、外配电箱箱底距地面高度符合规程规定	10					
7.4.2.9	配电变压器出口开关的选型应与配电变压器容量相匹配；各级开关配置应满足选择性要求	10					
7.4.2.10	低压绝缘线路应根据实际设置停电工作接地点	10					
7.4.2.11	穿越和接近导线的电杆必须装设拉线绝缘子，拉线绝缘子的安装符合规程要求	10					
7.4.2.12	定期开展负荷监测工作，配电变压器负荷控制及三相不平衡度符合规程要求，检测记录正确、完整、规范	10					
7.4.2.13	接户线与进户装置（含计量装置、接户线、进户线）符合《农村低压电力技术规程》DL/T 499 的要求	10					

续表

序号	评 价 项 目	应得分/分	实得分/分	得分率/%	隐患个数/个		
					总数	主要	一般
7.4.3	具备下列技术资料： 1. 低压台区图 2. 线路及设备台账、清册 3. 剩余电流保护装置技术台账 4. 剩余电流保护装置检测记录 5. 缺陷记录 6. 检修记录 7. 维护（产权）分界点协议书（合同），用户专线代维协议 8. 低压线路及设备巡视记录 9. 防护通知书 10. 交叉跨越记录 11. 事故、障碍记录 12. 工作日志 13. 企业规定的其他技术资料和工作记录	20					
7.5	技术管理	120					
7.5.1	线路及设备运行维护产权分界点明确、无空白点，有正式书面依据	10					
7.5.2	有线路及设备变动管理规定；变动申报和通知程序符合规定；变动竣工投运前及时移交、更改有关图纸、资料	10					
7.5.3	电力设施保护与安全用电的宣传工作，有计划、有措施、有总结；铁塔和拉线按规定采取了技术防盗措施；按照《电力设施保护条例》的要求采取了保护电力设施的必要措施	10					
7.5.4	避雷器按规定进行预防性试验，接地电阻定期进行检测	10					
7.5.5	设备缺陷管理制度健全，设备缺陷分类标准具体明确	10					
7.5.6	设备缺陷登记、上报、处理、验收等程序实现闭环控制，严重缺陷、危急缺陷在规定时间内得到处理	10					
7.5.7	设备缺陷记录完整、定性正确，处理及时，定期对缺陷情况进行分析，有缺陷月报表，有消缺率的考核	10					

续表

序号	评价项目	应得分/分	实得分/分	得分率/%	隐患个数/个		
					总数	主要	一般
7.5.8	事故巡查及抢修处理的组织和管理办法健全，事故巡查及抢修处理的程序和方法正确，接到故障报告或通知后，能在规定的时间内完成事故处理	10					
7.5.9	有事故备品清册、账物相符，事故抢修用品（包括抢修机具）齐全，能满足实际工作需要	10					
7.5.10	事故备品的检查试验和保管存放符合规定	10					
7.5.11	汛前完成防汛大纲规定的防汛检查并填报防汛检查表	10					
7.5.12	新线路新设备投运；交接验收合格且移交技术资料	10					
7.6	运行管理	115					
7.6.1	编写本单位的现场运行规程，内容全面、编写规范，可操作性强	15					
7.6.2	有编写、审核、批准人名单，有发布实施本规程的单位通知文件	10					
7.6.3	及时修订、复查运行规程： 1. 有变化及时补充修订 2. 每年进行一次复查修订 3. 每3～5年进行一次全面修订印发 4. 补充修订应严格履行审批手续	15					
7.6.4	新规程发布到实施期间组织有关人员学习，实施前考试，考试合格上岗	10					
7.6.5	运行单位每年组织一次规程考试，班组每季度组织一次规程考试	10					
7.6.6	运行分析会，运行单位每年至少两次，运行班组每月一次	10					
7.6.7	认真执行倒闸操作制度、防误闭锁制度，正确地进行倒闸操作，合理的布置安全措施	10					
7.6.8	绝缘工具、带电作业工具按规定进行试验、有试验记录	10					

续表

序号	评　价　项　目	应得分/分	实得分/分	得分率/%	隐患个数/个		
					总数	主要	一般
7.6.9	根据巡视结果进行交叉跨越、限距、弧垂测量	10					
7.6.10	低压网络每个台区的首末端每年至少测量电压一次，记录完整、正确	10					
7.6.11	应配备各级调度规程（根据调度关系）	5					
7.7	线路巡视	60					
7.7.1	有本单位的线路巡视管理制度	10					
7.7.2	有本单位的线路巡视岗位责任制	10					
7.7.3	按本单位线路现场运行规程和巡视制度规定进行定期巡视、故障巡视、特殊巡视、诊断巡视、监督巡视，并做完整巡视记录，记录保持一年	20					
7.7.4	根据实际情况进行故障巡视，特殊巡视，夜间交叉和诊断性巡视，有巡视计划，有记录	10					
7.7.5	监察性巡视，运行单位领导、运行管理人员为了解线路运行情况，检查指导巡线人员工作而进行的监察性巡视每年至少一次并有记录	10					
7.8	线路维护	100					
7.8.1	有线路维护计划，按周期维护的项目有维护周期表，并滚动执行，维护工作应列入月度工作计划	15					
7.8.2	杆塔坚固螺栓，新线路投入一年后进行，以后每5年紧固一次，有记录	10					
7.8.3	绝缘子清扫每年一次，防污重点地段，缩短周期，逢停必扫，有记录	10					
7.8.4	线路防振和防舞动装置维护调整每1～2年一次，有记录	10					
7.8.5	砍修树、竹每年一次，有问题随时进行	10					
7.8.6	修补防鸟设施和拆巢每年一次，有问题随时进行	10					
7.8.7	杆塔铁件防腐，做到无严重腐蚀铁件	10					

续表

序号	评价项目	应得分/分	实得分/分	得分率/%	隐患个数/个		
					总数	主要	一般
7.8.8	接地装置，防雷设施，更换绝缘子，调整更新拉线，金具等，根据检测和巡视报告及时处理	15					
7.8.9	补齐线路号牌、警示、防护标志、色标等	10					
7.9	检修管理	130					
7.9.1	有年度检修计划，是技改大修项目的应纳入技改大修计划中	10					
7.9.2	月度工作计划中有检修计划内容且与年度检修计划相衔接	10					
7.9.3	需要停电配合的应有调度下达的月度停电计划	10					
7.9.4	有经审批的线路检修规程（或检修作业指导书）	10					
7.9.5	进行优化综合检修，按可靠性要求，先算后停，协调工作，统筹安排	10					
7.9.6	能开展带电作业的尽量开展带电作业，严格按规定填写记录，执行带电作业操作规程	10					
7.9.7	开工前应办理工作票和安全施工作业票	15					
7.9.8	开工前应层层进行安全技术交底，安全交底应有文字资料，交底双方要签字	15					
7.9.9	现场安全措施应落实，特别是隔离措施，个人防护措施，监护措施，应急救援措施	15					
7.9.10	带电作业，起重作业，焊接作业，登高作业，爆破作业等特种作业人员应持证上岗	15					
7.9.11	检修完工后有检修工作总结	10					
7.10	电气测试设备管理	60					
7.10.1	试验设备的数量配置满足实际工作要求，并建立本单位试验设备台账	10					
7.10.2	试验设备的性能满足设备试验实际要求，并按规定进行定期试验和检测	20					
7.10.3	试验设备管理制度健全，管理责任明确，日常检查维护正常开展	10					

续表

序号	评 价 项 目	应得分/分	实得分/分	得分率/%	隐患个数/个		
					总数	主要	一般
7.10.4	购置的试验设备生产厂家具有相应资质，产品合格证、使用说明书、试验报告、出厂检验报告等有关技术资料齐全	10					
7.10.5	试验设备保管符合规定，各类设备存放规范，设备铭牌、名称、编号完整、清晰、正确	10					
8	**电网运行**	**1035**					
8.1	专业规程标准	35					
8.1.1	应配备的国家、行业颁发的规程标准： 1.《电力系统自动低频减载负荷技术规定》DL 428 2.《电力系统安全稳定导则》DL 755 3.《农村低压电力技术规程》DL/T 499 4.《电力调度自动化系统运行管理规程》DL/T 516 5.《城市中低压配电网改造技术导则》DL/T 599 6.《架空绝缘配电线路设计技术规程》DL/T 601 7.《电力系统安全稳定控制技术导则》DL/T 723 8.《架空输电线路运行规程》DL/T 741 9.《电力系统调度自动化设计技术规程》DL/T 5003 10.《电力系统电能质量技术管理规定》DL/T 1198 11.《农村电力网规划设计导则》DL/T 5118	20					
8.1.2	梳理和识别，定期更新和发布	10					
8.1.3	应配备各级调度规程（根据调度关系）	5					
8.2	高压电网系统稳定管理	160					
8.2.1	电网结构	30					
8.2.1.1	电网受端有多条受电通道，每条通道输送容量不超过系统最大负荷10%～15%	10					
8.2.1.2	220kV变电主设备线路保护配置双重化	20					
8.2.2	系统稳定计算分析	20					

续表

序号	评 价 项 目	应得分/分	实得分/分	得分率/%	隐患个数/个		
					总数	主要	一般
8.2.2.1	有主网和局部网稳定计算分析	10					
8.2.2.2	有依据计算分析制订的电网安全稳定控制措施	10					
8.2.3	电网安全运行管理	60					
8.2.3.1	禁止超稳定极限值运行，有一定备用容量	10					
8.2.3.2	解决了影响安全稳定的电磁环网	10					
8.2.3.3	低频、低压减负装置和其他安全自动装置足额投入运行	10					
8.2.3.4	加强开关检修改造，提高分闸速度，220kV小于60ms	20					
8.2.3.5	主设备保护为快速保护	10					
8.2.4	系统电压管理	50					
8.2.4.1	无功负荷能做到分层（电压），分区基本平衡	10					
8.2.4.2	功率因素达到规定标准。（并网机组额定出力时，滞向功率因素不低于0.9，新机组满负荷，不低于0.95，老机组不低于0.97，主变压器高压侧最大负荷不低于0.95，最小负荷高于0.95，高压用户不低于0.95）	20					
8.2.4.3	在电压偏差时及时调整主变分接开关和无功补偿设施	10					
8.2.4.4	在无功潮流变化时及时投退无功补偿设备	10					
8.3	城市电网	370					
8.3.1	城市电力网发展规划	100					
8.3.1.1	有电网规划领导小组，主管部门明确，有专职（责）人员	20					
8.3.1.2	有无本地区近期（5年）、中期（10～15年）、远期（20～30年）城网规划（低压规划为近期、高压、中压规划以中远期为目标）并经当地人民政府审批城网建设中的线路走廊、电缆通道、变（配）电缆用地已上报城市规划管理部门预留	20					

续表

序号	评 价 项 目	应得分/分	实得分/分	得分率/%	隐患个数/个		
					总数	主要	一般
8.3.1.3	城网规划编制的主要流程和主要内容应符合要求、负荷预测应有2～3个方案	20					
8.3.1.4	根据经济、技术条件制订了本单位的《城网规划实施细则》	10					
8.3.1.5	负荷预测利用计算机建立数据库；不同的预测方法相互校核	10					
8.3.1.6	规划编制采用先进的计算机软件	10					
8.3.1.7	规划修订中远期一般五年修编一次，近期应每年滚动修正一次。遇到城市规划和电力系统规划进行调整和修改后，负荷预测有较大变动时，电网技术有较大发展时，城网规划应作相应修正	10					
8.3.2	电压等级符合城市电网规划要求	10					
8.3.3	城网供电可靠性用$N-1$准则，保证供电安全和满足用户用电	70					
8.3.3.1	220～35kV变电所配置两台及以上变压器，当失去一台变压器时，负荷自动转移，且短时过载容量不超过1.3，过载时间不超过2h	10					
8.3.3.2	高压线路由两个及以上回路组成，一回停电，另一回不过载	10					
8.3.3.3	变电站进出线母线、变压器等容量配合满足要求	10					
8.3.3.4	中压架空配电网为多分段、多联络开式环网供电；可以实现故障段隔离、负荷转移；电缆配电网采用两个及以上回路供电，一回停电，其余电缆不应过载	10					
8.3.3.5	10（20）kV/380V配电站宜配置两台及以上的变压器，当失去一台变压器时，负荷自动转换，另一台不超过短时过载容量	10					
8.3.3.6	低压配电网树枝状或开式环网供电，当一台配变或电网故障时，允许部分停电，应尽量由低压操作转移负荷	10					

续表

序号	评 价 项 目	应得分/分	实得分/分	得分率/%	隐患个数/个		
					总数	主要	一般
8.3.3.7	有重要用户允许停电容量和恢复供电的目标时间	10					
8.3.4	城网中各级电压变电容载比配备符合规划设计的要求，200kV 电网 1.6～1.9，35～110kV 电网 1.8～2.1	20					
8.3.5	无功配置及运行	70					
8.3.5.1	规划期内无功配置容量符合无功补偿度原则，即高峰负荷时功率因素达到 0.95，低谷时不向系统倒送无功	15					
8.3.5.2	各级变电站配置的无功容量符合规定	10					
8.3.5.3	中压用户无功补偿容量满足功率因数达到 0.95 的规定	10					
8.3.5.4	根据规划设计和系统运行情况配置了并联电容器等无功设备	10					
8.3.5.5	高压并联电容器装置自动投切装置投入使用	10					
8.3.5.6	无功补偿设备按规定投入运行	15					
8.3.6	城网各变电站和母线短路电流未超过控制标准	20					
8.3.7	电压偏移和电压监控	20					
8.3.7.1	电压偏移应符合规定标准即 35kV 及以上供电电压正负偏差的绝对值之和不超过额定电压的 10%；10kV 及以下电压允许偏差为额电压的±7%	10					
8.3.7.2	变电站及用户端的电压监测点 A、B、C、D 类设置及电压合格率符合国家有关规定	10					
8.3.8	频率偏差和低频减载	40					
8.3.8.1	电力系统频率偏差不超过国家标准	10					
8.3.8.2	按上级调度部门下达的自动低频减负荷方案编制本地区的实施方案	10					
8.3.8.3	自动减负荷装置足够、按规定投入	10					

续表

序号	评 价 项 目	应得分/分	实得分/分	得分率/%	隐患个数/个		
					总数	主要	一般
8.3.8.4	调度部门编制了手动低频减负荷事故拉闸顺序表经批准后报上级调度备案，并发给各有关电厂、变电站和用户执行	10					
8.3.9	产生谐波电流使系统电压波形畸变的用电设备，采取了措施限制注入电网的谐波电流达到国家规定标准	20					
8.4	城市中低压配电网	170					
8.4.1	中压配电网分成若干相对独立的分区配电网。分区应有明确的供电范围，一般不应交错重叠，每个分区至少有两个及以上的电源供电	20					
8.4.2	中压配电网接线	50					
8.4.2.1	中压架空配电网采用环网布置、开环运行的结构，主干线和较大的支线按规定装设分段开关，相邻变电站及同一变电站馈出的相邻线路之间装设联络开关	10					
8.4.2.2	中压电缆网的结构形式采用单环或双环环网布置开环运行的电缆网络；电缆线路的分支建设环网开闭箱或分支箱	10					
8.4.2.3	线路（架空和电缆）的正常负荷控制在安全电流的2/3以下	10					
8.4.2.4	中压配网应有较大的适应性，按长期规划一次选定导线截面，且不小于$70mm^2$	10					
8.4.2.5	10kV网络的供电半径符合电压损失允许值、负荷密度、供电可靠性并留有一定裕度的原则	10					
8.4.3	低压配电网	30					
8.4.3.1	低压配电网实行分区供电，有明确的供电范围；低压架空线路不得超越中压架空线路的分段开关	10					
8.4.3.2	城市中压配电所至少有两回进线，两台变压器，相邻变压器低压干线之间装设联络开关、熔断器，正常情况下各变压器独立运行，事故时经倒闸操作后继续向用户供电	10					

续表

序号	评　价　项　目	应得分/分	实得分/分	得分率/%	隐患个数/个		
					总数	主要	一般
8.4.3.3	低压干线、支线满足负荷的需要；供电半径一般不大于400m；市区一般不大于150～250m	10					
8.4.4	中低压配电网在下列地区无条件采用电缆线路供电时应采用架空绝缘配电线路： 1. 在高层建筑群地区 2. 人口密集、繁华地区 3. 绿化地区及林带 4. 污秽严重地区已经与建筑物不满足安全距离的地区	20					
8.4.5	防止客户反送电	20					
8.4.5.1	多路电源供电的重要客户或有自备发电装置的客户应采取防止反送电的技术措施（备自投、联锁装置、调度操作等）	10					
8.4.5.2	装有不并网自备发电机的客户应向用电管理部门登记、备案	10					
8.4.6	配电系统自动化	30					
8.4.6.1	编制了配网自动化规划，其目标内容、功能具有先进性、实用性	10					
8.4.6.2	与城网规划、建设与改造相结合，统筹考虑、全面安排、分步实施	10					
8.4.6.3	已运行的配网自动化部分运转正常，并逐步推广、扩大应用	10					
8.5	农村电网	300					
8.5.1	农村电网规划	80					
8.5.1.1	有电网规划领导小组，主管科室明确，有专职（责）人员	20					
8.5.1.2	有本地区近期（5年）、中期（10年）、远期（20年）电网发展、改造计划	20					
8.5.1.3	能做到适时滚动修订电网发展规划（近中期1～2年一次，远期5年一次）	20					

续表

序号	评　价　项　目	应得分/分	实得分/分	得分率/%	隐患个数/个		
					总数	主要	一般
8.5.1.4	电网规划应根据本地经济，技术条件制订，内容符合本地区电网发展、改造要求，与上级电网规划合理衔接	20					
8.5.2	农村电网结构	90					
8.5.2.1	电源点靠近负荷中心，各级电网有充足的供电能力，下级电网具备支持上级电网的能力，变电所进出线容量配合，整体布局和网络结构合理	20					
8.5.2.2	根据变电站布点，负荷密度和运行管理的需要分区分片供电，供电范围不宜交叉重叠	10					
8.5.2.3	县（市）城区及重要城镇10kV主干线路实现环网布置、开环运行的结构，达到用户供电可靠性要求	10					
8.5.2.4	县域内其他配电网络采用放射式接线方式，较长的线路按规定装设分段，分支开关设备，满足有效限制故障范围，保证供电可靠性要求；企业对安装分段、分支开关有明确规定和标准	10					
8.5.2.5	供电半径符合下述要求： 1.110kV线路不超过120km；35kV线路不超过40km 2.县（市）城区中低压配电线路供电半径： 10kV线路不宜超过8km，380、220V线路不宜超过400m，负荷密集地区不宜超过200m 3.县城内其他中低配电线路供电半径： 10kV小于15km，380、220V线路宜小于0.5km	20					
8.5.2.6	线路（架空和电缆）的正常负荷控制在安全电流2/3以下； 容载比配备达到下列要求： 35～110kV变电所1.8～2.5 农村配电变压器1.5～2.0	20					

续表

序号	评价项目	应得分/分	实得分/分	得分率/%	隐患个数/个		
					总数	主要	一般
8.5.3	供电可靠性	60					
8.5.3.1	变电所按两台及以上变压器配置，当失去一台变压器时，负荷能正常转移，且不超过短时过载容量	20					
8.5.3.2	县（市）城区电网至少有两座35kV及以上电压等级变电所供电，满足$N-1$原则，其他35kV及以上变电所达到二线二变压器，对暂为一线一变压器的变电所应有可靠的10（35）kV主干线与其他变电所相连互供，当任一线路、变压器检修、故障停运时，能为重要用户和变电所所用电等提供备用电源	20					
8.5.3.3	重要Ⅰ类用户有可靠的备用电源（含自备电源）；双电源或多电源用户，各电源之间有可靠的机械或电气连锁，任何情况下不得向电网反送电	20					
8.5.4	无功补偿	40					
8.5.4.1	无功配置容量符合无功补偿原则，无功容量满足功率因数有关规定	10					
8.5.4.2	各级变电所配置的无功容量符合规定	10					
8.5.4.3	用户无功补偿容量满足功率因素的要求	10					
8.5.4.4	无功补偿设备按规定投切	10					
8.5.5	低频减载	30					
8.5.5.1	按上级部门下达的自动低频减负荷方案编制本地区实施方案	10					
8.5.5.2	配置自动低频减负荷装置足够，按规定投入	10					
8.5.5.3	编制手动低频减负荷事故拉闸顺序表至经当地政府批准	10					

9.5　××供电公司配电网生产设备安全风险评价发现的主要隐患与建议风险控制措施

××供电公司配电网生产设备安全风险评价发现的主要隐患与建议风险控制措施见表9-5。

表9-5　××供电公司配电网生产设备安全风险评价发现的主要隐患与建议风险控制措施

评价人：

序　号	评价项目	主要隐患	建议风险控制措施